湖光硯語

謝季筠題

主編　馬安信
作者　肖文祥

四川美術出版社

鄉野覓春　馬安信

目錄 Catalog

下卷

《江山多嬌》局部

巧奪天工　江山多嬌

『意』為中國藝術之理論範疇，南齊謝赫在評他人藝術之際有云：『格體精微，筆無妄下，但迹不逮意……』謝赫把『意』做為『迹』之對立面而提出。如果說，『迹』是指圖形，那麼『意』就是思想內涵。我讀硯雕藝術家張竣山、曹加勇之《江山多嬌》苴却硯，心中涌出了這樣的感悟：夫象物必在于形似，形似全其骨氣，形似、骨氣皆本于立意而歸乎用刀筆。

看得出，這方苴却石，石品顏色豐富，石形極不規則，然硯石下端冰狀如瀑布的黃褐色石理，仿若黃河之水在薄冰下暗流浮動，洶涌澎湃；那岸邊的樹化石紋，又恰似松林蜿蜒，有序布陣，氣勢壯觀；更令人叫絕的是硯臺中間和上部由半透明狀白色石皮過渡到碧玉綠膘，宛然是天地交接，碧海雲天的北國風貌……這紛亂且又不失協調的圖案組成畫面，激發了硯雕藝術家的創作靈感，藝術家便以此韵律來記錄自己胸中含蓄不盡的意境。

無可厚非，這『意』就是構思，就是藝術家文如瀚海、以意運法、言有盡而意無窮的藝術創造。讀這方硯，總能令讀者在其刀鋒穎脫，敏思精微，意蘊可掬，乃如天成中以少少許勝多多許，得到一次藝術的享受，窺見藝術家之藝術品味、藝術價值之所在。

《江山多嬌》，一方苴却硯，一方不可多得的硯壇佳作，一件令人叫絕的藝術精品。它，無愧于『百花杯中國工藝美術精品獎金獎』之殊榮！

草原采珠　馬安信

水鄉野趣　孟　夏

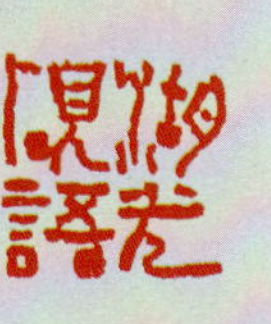

徽州夢源　梨花帶雨

江南梅雨，就這樣漫不經心地下着，淅淅瀝瀝地讓人忘記年歲。獨坐小樓，喝一壺閑茶，翻看潮濕的書卷。『試問閑愁都幾許？一川烟草，滿城風絮，梅子黄雨時。』這是賀鑄的《青玉案》，意與此時情境一般相同。錦瑟年華，付與無情流光，這一路行來，風餐露宿，我早已找不回當年清澈的自己。可由沉石創意、設計，吴國水雕刻的《徽州夢源》套硯，其匠心獨運的構思與刀筆却引領我走入了徽州夢境般的名山勝地。

其套硯之一《徽商源》，以龍頭山大谷運歙石雕刻。硯雕師刀筆下的徽州山水婉轉多韵，景致清幽，雅逸絕俗。其套硯之二《歙硯源》，以龍尾山外莊坑眉紋歙石雕刻。藝術家刀筆似在硯面娓娓評説，那南唐迄今制硯之軼事，恍若一幕繪聲繪色的活劇，將歙硯的傳奇重新演繹。套硯之三《新安源》，硯雕師亦借山水勝境復活了徽州四時麗景，耐人尋味的是此方硯隱現出了無限纏綿之意，它既能讓讀者夢見『徽州夢源』，又能在美妙絕倫的徽州人文景觀裏沉沉陶醉。

這組套硯，靈秀典雅，它能傳達給讀者一種境界，一種詩味，一種『梨花一枝春帶雨』的藝術享受。

硯名　江山多嬌
石品　苴卻石
創意　張竣山
設計　張竣山
雕刻　曹加勇
規格　100cm×63cm×5.5cm
收藏　張竣山

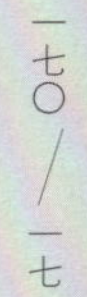

清・雙龍戲珠（苴却石古硯　硯湖收藏）

雙龍戲珠　舞中求活

變化不已，生動傳神，飛揚蹈厲，從容迷遠，活靈活現，這是龍的精神。龍之精神，就是要舞出發自生命深層的自覺力量，舞出這寂寞的世界。讓固態的硯石飛出龍的形象，舞出有意味的綫條來，這是硯文化的一種展示。中國藝術的創造方式是或在靜穆中求飛動，或在飛動中求頓挫，或在常態中超然而出，縱肆狂舞，或于斷處缺處追求一脈生命的清流。總之，靜處就是動處，動處即起靜思，動靜變化，含道飛舞，以達到最暢然的生命呈現。

這兩方清代《雙龍戲珠》硯，在縱肆的藝術創造中，有天真；在狂逸的刀筆雕刻中，有爛漫。硯雕師緣硯石緣膘進行創作，裝飾意味十分濃厚，其雕刻手法『實中伏法，虛處藏神』，調格逸易，技精工細，意在刀先，刀盡意在。

『我之為我，自有我在。古之須眉不能生在我之面目，古之肺腑不能安入我之肺腑，揭我之須眉。縱有時觸着某家，是某家就我也，非我故為某家也。天然授之也，我于古何師而不化之有！』古賢如是云。古硯《雙龍戲珠》亦然，它分明有着自己燦然的藝術面目。

硯名　徽州夢源・新安源
石品　歙　石
創意　沉　石
設計　沉　石
雕刻　吴國水
規格　55cm×40cm×11cm

硯名　徽州夢源・歙硯源
石品　歙　石
創意　吴國水
設計　吴國水
規格　55cm×40cm×12cm

硯名　徽州夢源・徽商源
石品　歙　石
創意　沉　石
設計　沉　石
雕刻　吴國水
規格　40cm×75cm×12cm

雪域祥光　李　兵

還原真性　雄風常在

這是一方有着『淺境』的藝術作品，它新奇、奇警的構思看似平淡，然却奇崛，有着獨特的藝術魅力。何為『淺境』？即一個人與世界『共成一天』的境界。硯雕藝術家劉開君之《雄風》硯，就這樣走進了我的眸子，走進了我『初心』的發現。

秀色千峰雨，松聲萬壑風。《雄風》硯中的八衹老虎神態各异，顧盼生姿，或坐或卧，均栩栩如生、活靈活現地顯示出了王者的風範。硯雕師巧借苴却石品之上的蕉葉白作為老虎的眉毛或尾巴，更使畫面靈動自然。祥雲及初陽的刻畫則既為作品提供了背景，又讓作品整體和諧統一。看得出，硯雕師刀筆之下不是雕『虎』，而是出『虎』境，是表達一個與『我』生命相關的世界，一個當下發現的宇宙。因之，這方硯有着自己獨立的思考，它是一件『我自我，雖寫虎，歸悟境』的有着藝術思考的硯壇佳作。

塵緣重重，剝蝕人之生命靈覺。而靜心賞析這件《雄風》硯藝術佳作，讀者自會在『虎』之世界中，恢復人的靈覺，還原人的本性，發現新的生命真趣、真性，創造出新的生命意義、境界，真正在純粹的藝術體驗裏，常見常新。

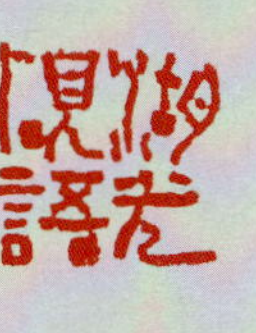

硯名　雙龍戲珠
石品　苴卻石
年代　清　代
規格　28cm×20cm×3cm
收藏　硯　湖

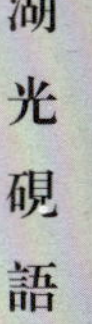

西域皆錦綉　李　兵

月宮玉兔　天上嫦娥

總以為，世間最有靈性的，莫過于草木山石。我們無需學着如何和它相處，許多時候，它總是安靜的存在，無言卻真心，平淡亦有情。漫漫人生，關山迢遞，于風烟浩蕩的塵世中漫步，過盡洶涌。每每品味硯石，所有驚駭息止，一切回歸最初，我心如玉，明淨無塵。

硯雕師俞飛鵬的這方《玉兔》硯，潤澤以温，如冰似水，它在藝術家的刀筆下似通靈性，幽幽一池清水倒映月宮，皎皎一衹玉兔栩栩如生，悠悠一片夜空祥雲纏繞……這種藝術處理在于硯雕師將自己的感情投射于硯石自然景象之上，用藝術家自己情感的力量，迫使自然物象與自己生死相依，賦予了藝術的生命。

月宮玉兔，天上嫦娥。一方硯，一段人生的感悟，一幀美好的向往，它無疑會喚醒讀者心中的詩意……

硯名　雄風
石品　苴卻石
雕刻　劉開君
規格　70cm×49cm×6cm
收藏　硯　湖

山深藏古刹　孟　夏

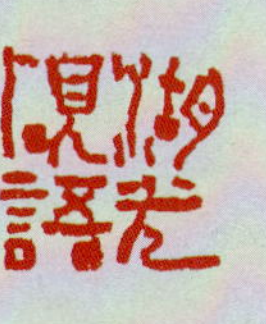

風月洞天　意味深長

紅絲石之溫潤，紅絲石之顏色，紅絲石之純美，紅絲石之品質，可消解煩憂，滌蕩俗塵，愉悅心靈。愛石之人，與它朝暮相處，希望可以汲取石之天然靈性，像石一樣和潤優雅。這方賞心悅目的紅絲石，在硯雕師高東亮的眼中，勝過靈山秀水，春花秋月。他之刀筆下，此方《風月洞天》硯，酷似一位國色佳人，就亭亭玉立于讀者面前。

此方青州紅絲硯，底色紅黃相參，且有紅黃底紋，華麗和諧，質地優良，硯雕師融俏色入硯，以精湛的鐫刻技藝創造了風月同天、深遠雋永、空靈疏秀，物我相忘的渾融意境。其作品所呈現的既是現實的，又是夢境的。讀之，令讀者寧靜安逸，回味無窮。

『遠看山有色，近聽水無聲。春去花還在，人來鳥不驚。』這件硯壇之佳作，由硯雕大師劉克唐、沉石創意、設計，有着王維山水詩畫之靈境，它清幽天然，蘊含深刻的寓意。風月洞天，動靜相宣，聚散合理，生動傳神，看來藝術家已得制硯之神髓，故其刀筆之下的石硯，恣意流淌的意蘊才有一種意味深長的情韵。

硯名　玉　兔
石品　苴卻石
雕刻　俞飛鵬
規格　23cm×20cm×3.5cm

春風和暢　王軍英

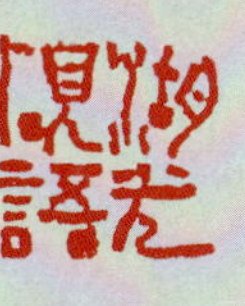

文武張馳　動靜諧成

有一個傳説凄美動人。説的是有那麼一祇鳥兒，它一生祇唱一次，那歌聲比世上一切生靈的歌聲都優美動心。從離開巢穴的那刻起，它就一直在尋找着荆棘樹，直到如願如嘗，才歇息下來。然後，它把自己的身體扎進最長、最尖的棘刺上，在那荒蠻的枝條間放開歌喉。在奄奄一息之際，它超越了自身的痛苦，而那歌聲竟使雲雀與夜鶯都黯然失色……這個故事蟄伏着哲理，它告訴我們：一個優秀的藝術家也是如此，為了創造出自己的藝術精品，他寧願以深痛巨創來換取。硯雕藝術家張竣山、張曉駿每每在硯之創意、設計、制作中，總是將藝術的妙境，鉗接于妙香遠溢的藝術創造中。

對硯《明月松間照》形神兼備，硯雕師將一塊硯原石一分為二，獨具匠心地將它打造成兩件神來之作。一方巧的是硯石上額兩顆碧翠的大石眼有瞳有暉，如月當空，亮麗高潔，周圍散落着些許小石眼似夜空群星璀璨，一條楔形綫——由石邊沿斜向上插入，石品獨特，作者化銀綫為釣杆，配以垂釣夜歸的漁翁，好一幅『釣罷歸來不系船，江村月夜正堪眠，縱然一夜風吹去，祇在蘆花淺水邊』的靜謐安適圖；另一方硯石斜插的銀綫在作者刀筆下幻化為保家衛國之勇士肩上的長槍，好一幅『今日長纓在手，何時縛住蒼龍』的豪邁畫卷。

兩塊硯臺，一文一武，一靜一動，張弛有致，巧妙配合，有着巨大的藝術張力。

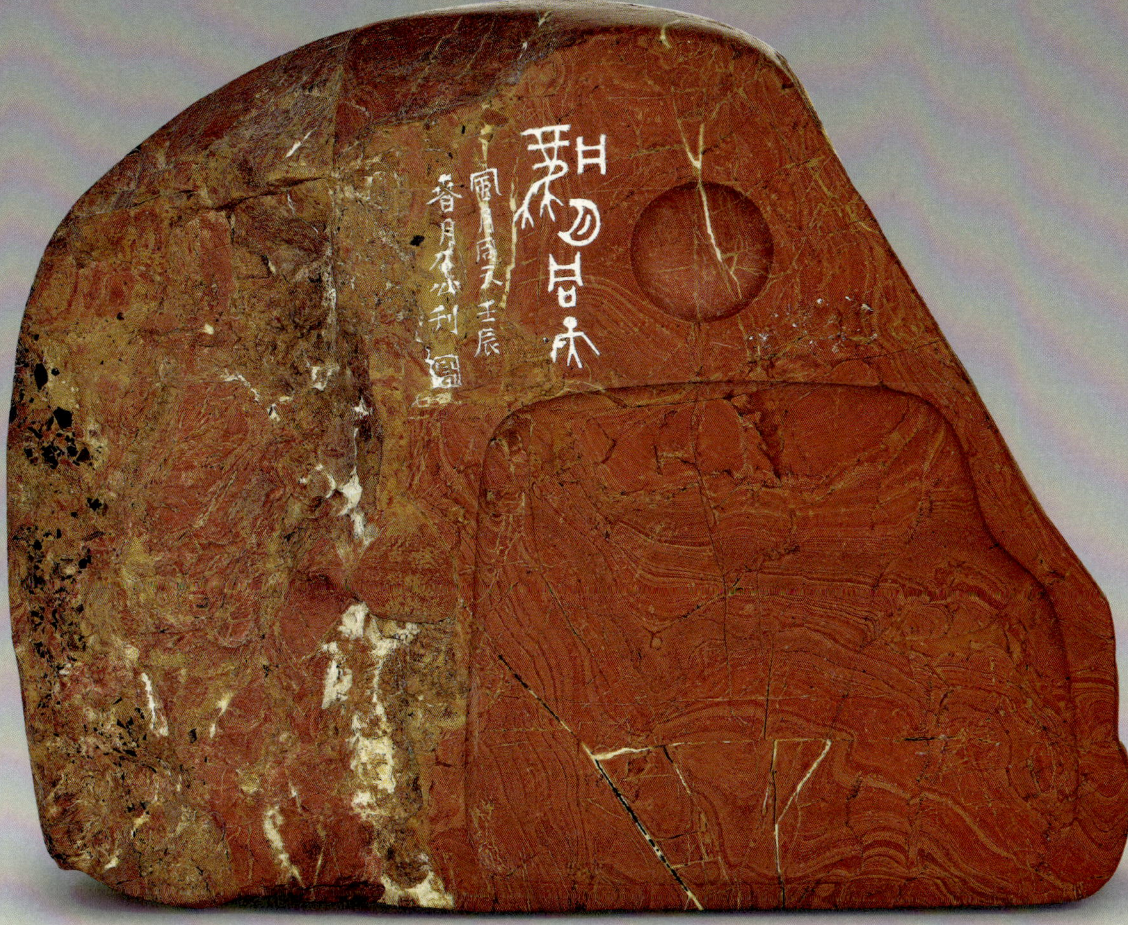

硯名　風月洞天
石品　紅絲石
創意　劉克唐　沉　石
設計　劉克唐　沉　石
雕刻　高東亮
規格　29cm×23.2cm×6cm
收藏　硯　湖

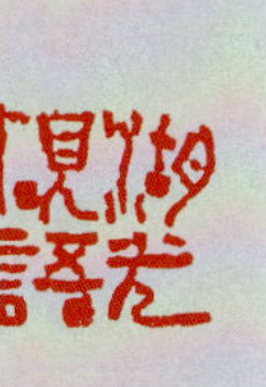

雨過山色清　楊昌林

寄硯湖語　拳拳之心

仿佛經歷了無數歲月的問詢，光陰沉澱，依舊縈繞着中國文化的底蘊。一方《硯湖》套硯，酷似一祇輕盈的小舟，在舵手郝延強硯雕師張向東的駕馭下，乘風破浪，就這樣充滿溫情地停泊于硯湖之岸。

我們不會忘記，在慶賀硯湖首屆『硯文化論壇』之際，硯雕師張向東先生將此《硯湖》套硯作為禮物贈送于硯湖。『一硯一湖』，寓意『硯湖』，它表達了硯雕藝術家對硯湖精品硯臺博物館的誠摯祝福，亦呈現出了硯雕藝術家對中國硯文化事業發展的一份濃濃的祝福與期盼。

此套硯為賀蘭硯，硯面飾以龍騰祥雲紋，壺身則飾以『四君子』之一的竹。讀它，我們是在讀硯雕師之高逸的藝術造詣，在讀一份『君子見其性』的氣節、『君子見其本』的虛心，在讀一份含有精神營養的深重祝福。

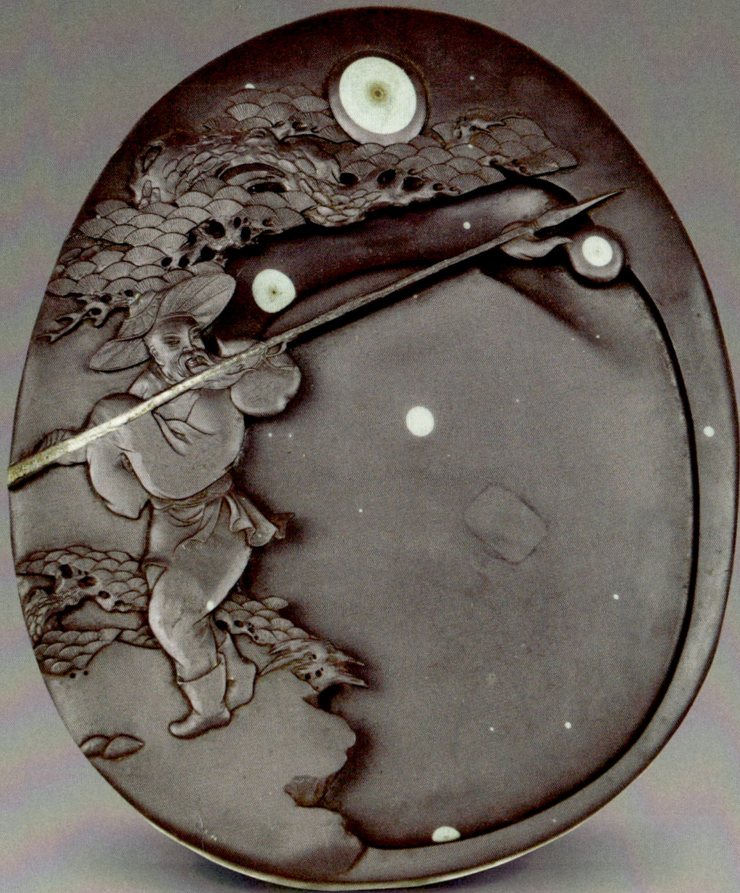

硯名　明月松間照（對硯）
石品　苴卻石
創意　張竣山
設計　張竣山
雕刻　張曉駿
規格　35cm×28cm×3.5
收藏　硯　湖

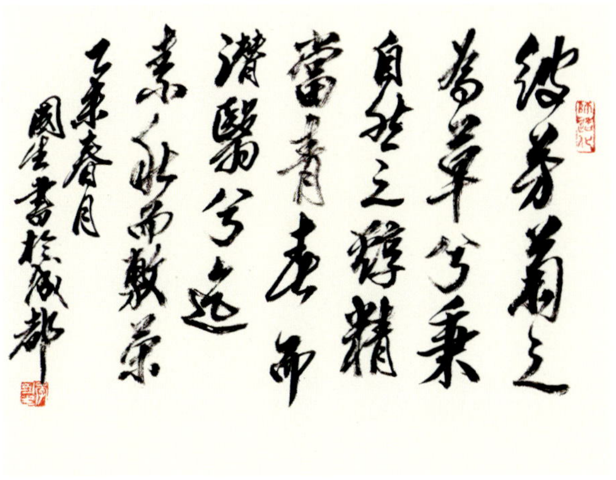

書法　李國生

長醉東籬　秋菊寫意

想起它，總是恬淡素淨的，在霜降的清秋，黃昏的籬院，靜靜地生長。一瓣心香，幾段心事，從不與人訴説。千百年來，多少文人墨客，都將它引為知己，交付真心。真的，鍾情于菊，也是硯雕藝術家們的寸心所識。這方《秋菊》硯，就深具幾分菊的傲世獨立的品格和卓越風姿，亦彰顯着幾分菊的內斂典雅風度。

『芳菊開林耀，青鬆冠岩列。懷此貞秀姿，卓為霸下杰。』我們每每秋日黃昏，倚籬賞菊，每每詩情畫意，令人神往。『秋叢繞舍似陶家，遍繞籬邊日漸斜，不是花中偏愛菊，此花開盡更無花。』唐人元稹之詩《菊花》，就分明是硯雕師冉洪虎之心境。他依據硯石質理瑩潤、細膩的特色，采取因材施藝，因彩選形的設計藝術表現理念，精心構思，刀筆雕刻出兩朵菊花，菊葉相互映襯；硯堂又俏飾兩祇蝴蝶，形神逼顯地寫出了菊之寄意、菊之精魂。

硯名　硯湖
石品　賀蘭硯
雕刻　郝延強　張向東
規格　16.5cm×12.5cm×3.8cm
　　　7.8cm×16cm（硯/壺）
收藏　硯湖

岩懸澗豎流　楊昌林

品味人生　融景于心

我們每每從尋找心中的青山綠水的意象出發，從一草一木、從春花秋月開始，沿着神往的通幽曲徑，抵達自己心靈陶醉的地方。位于四川江油的竇圌山，我們已不知尋訪了多少次。回回尋訪，回回有着不同的體驗。今日讀由硯雕師張健創意、設計，劉曉軍雕刻之《竇圌山》硯，我却讀出了另一番激奮而忘情的感悟。

竇圌山是劍門蜀道的重要組成部分，是四川省著名的丹霞地貌景區。這方硯石呈圓型，綠膘之紫黑色石面上，硯雕師淋漓盡致地呈現了竇圌山的奇峰峭壁、鐵索飛渡、飛天藏、雲岩寺、古寺院、白皮松等，從中不難窺見硯雕師之藝術品格與藝術匠心。它有着一個核心元素，就是一種『真』，一種真實的景象、真實的性情、真實的藝術意象。

讀這樣的藝術佳作，我們會品味人生，給自己的心靈充電，會尋找到一個契機，為自己真實的人生驕傲和吶喊……

硯名　秋菊
石品　苴卻石
制硯　冉洪虎
規格　16cm×25cm×3.5cm
收藏　硯湖

遠方人家　楊昌林

詩情畫意　劍氣簫心

清代詩人龔自珍説他的詩『兼得于亦劍亦簫之美』。以此語來評析硯雕藝術家劉曉軍之《詩情畫意》硯（準確地講，應為硯擺件），我以為是再也恰當不過了。劍在放曠高蹈，沉着痛快；簫在哀惋幽咽，柔情似水。這方硯（或硯擺件），在我的眼中可以説是筆底項羽，畫外荆軻，幽冷中有劍氣，放曠中有簫心。

這方硯石圓潤細膩，硯雕藝術家以自己精湛的刀筆之功，暢酣淋灕地把一幅詩情畫意圖呈現了出來，令人賞、令人悟、令人吟、吟人醉。你看那起伏跌宕的山巒，莽莽蒼蒼的林野，叮咚作響的泉流，傍山而偎的寺院等等，均在藝術家的刀筆下被喚醒了生命。讀者讀之真的如臨其境，留連忘返。

硯雕藝術家之藝術創造所洋溢的狷介放曠之懷，似乎在其藝術作品中有一種説不完的心事在摇蕩，似乎有一種無窮的撼人的力量在其中奔突咆哮。美哉，一方硯（或硯擺件），一闋令人百吟不厭的古詞！

硯名　竇圌山
石品　苴卻石
創意　張　健
設計　張　健
雕刻　劉曉軍
規格　48cm×40cm×4.8cm

壯傲千秋寒　李　兵

放逐天地　老如松柏

行走山間，看青松翠柏屹立雲端，蒼勁雄健，姿態縱橫，風清骨峻。有些松柏，寄身崖畔，晏然自處，循迹白雲；有些松柏，立影重岩，鐵骨丹心，孤傲卓絕；還有些松柏，靜臥山林，亭亭迴出，祇待凌雲。看得出，硯雕大師羅海似亦隱沒于烟靄雲深處，似飄忽的隱者，問道的仙人，他之『祇在此山中，雲深不知處』的體悟，在其敏鋭的刀筆下幻化出了這方《老如松柏硯》。讀它，我們自然會在其辛勤的硯田勞作中想得很久、很多。

這方硯石為端石宋坑，硯雕師在硯面飾以群山、青松、翠柏以及掩映其中的屋舍，意境蘊藏深厚，品質高潔淡泊，藝術呈現繪聲繪色，淋灕盡致，栩栩如生。我讀此方硯，心中有着莫名的情感，敬畏和珍愛着這硯雕藝術所創造的豐富多彩的斑斕圖卷。許是因着硯雕師的藝術升華，我的認知便有了『青山上松，數里不見今更逢。不見君，心相憶。此心向君君應識。為君顔色高且閑，亭亭迴出浮雲間』的『魂』。

多想再去深山老林撿拾一次游趣，和崖畔的松柏坐看雲起；多想常賞硯雕大師之《老如松柏硯》，和喜愛松柏的詩人白居易暢談人生。

硯名　詩情畫意（擺件）
石品　苴卻石
制硯　劉曉軍
規格　35cm×36cm×7cm

硯名　老如松柏硯
石品　端　石
雕刻　羅　海
規格　27cm×19cm×4cm

溪山明晴圖　孟　夏

舉杯邀月　有情月圓

撿一捆梅枝，舀兩勺山泉，取三兩嫩芽，加四片閑情，煮一壺清茶，在月夜品茗賞月，該是多麼愜意的一件事情。是的，在一輪中國的明月前，無論是張若虛，還是李白，抑或你我；無論是古人還是今人，中國人心中所有的珍惜，都會被明月照射出來。硯雕藝術家冉洪虎之《舉杯邀明月》硯，給我們的藝術享受是多維的。

這方硯石，石品眼帶膘。硯雕師將石投放于自己匠心獨運的藝術創造中，他之刀筆，用標雕雲，用眼為月，小亭中老者在清寂祥和的夜晚，一邊品茗，一邊賞月，此情此境，好不悠哉！看得出，硯雕師之對月當情有獨鐘，那舉杯邀月的情境既柔和、清澈，又圓潤、溫情。

衆所周知：在初一，古人稱為『朔』的日子裏，我們幾乎看不到月亮；初二以後，細細的一點點月痕露出它的內芽，然後逐漸豐滿圓潤；直到十五，古人稱為『望』之際，它才會如瑤臺的鏡子，變得又豐滿又圓潤。圓月之情境，在硯雕師的手中以石眼俏雕；小亭座落的山地，硯雕師亦以綠膘俏雕為之，多麼傳神，多麼動情，令讀者思緒飛揚，感慨萬千。快哉！舉杯邀明月，天若有情天亦老，月如有情月長圓。

春曉和暢　卜敬恒

珠聯璧合　喜從天降

美麗的寄寓，不可言説。那種以一朵鮮花，一祇青鳥，一件物什作喻的寄興，總會為世人紛繁的內心帶來美麗和清寧，帶來渴望與期冀。硯雕師朱灶青的這方《珠聯璧合》硯，給讀者的藝術享受是：寄興是真正能夠過濾心境的，它寄懷養性的是訴説衷腸，以蛛、網比興、傳情，暢達『珠聯璧合』、『喜從天降』的人生哲理。

此方硯為苴却石所雕，那硯石上的綠膘，在硯雕師之『觸目横斜千萬朵，祇因賞心三兩枝』的藝術創造中，巧妙構思出一蜘蛛網與一蜘蛛，那惟妙惟肖的情境讓人浮想聯翩。硯雕師此方『可抵十年塵夢』的苴却硯，其藝術的詩意栖居，踐行的就是寄興，一種沒有濃烈、祇存清幽的寄興。

此方硯自然、純樸、實用，然自然裏存絢美，純樸中留藴籍，實用內有風流。它不失為一方令人稱奇的石硯。

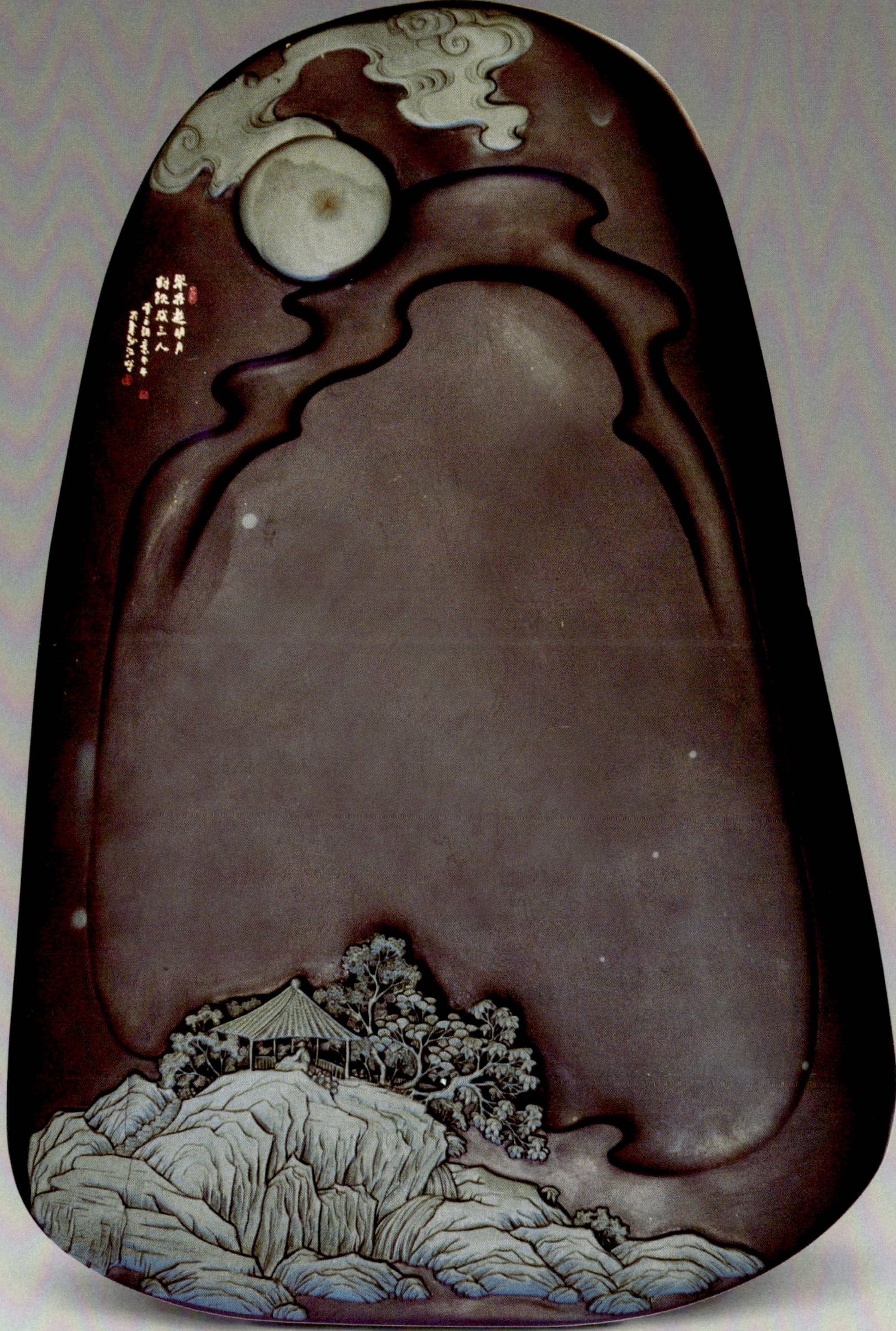

硯名　舉杯邀明月
石品　苴卻石
制硯　冉洪虎
規格　33cm×22.5cm×4cm

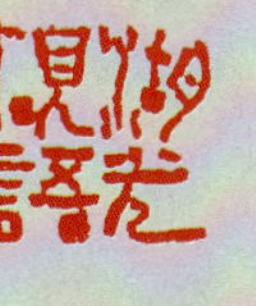

白雲常鎮山行處　孟　夏

借景抒懷　渴望百福

產于泰安大汶口、萊蕪、沂源、臨朐、臨沂等地的『燕子石』，堪稱『巧奪天工』。因其化石全身紋路縱橫形似飛翔的燕子、蝙蝠，亦又稱『燕子石』、『蝙蝠石』。特別是產于大汶口河床中的燕子石，更是世界上目前發現三葉蟲化石最多之地。硯雕師徐峰之《百福》硯，就是采用此巧奪天工的燕子石雕刻而成。

燕子石呈青綠、青黃、灰黑等色。石質細嫩，石材較薄，沉透如玉，撫之如脂凝，膚理微滑。以此石制硯尤佳。明、清迄今，佳作叠現。王漁洋《池北偶談》有云：『鄒平張尚書崇禎間游泰山，宿大汶口，偶行至汶水濱，水中得石，作多蝠（福）硯。』硯雕師徐峰此硯，正是他借石之精妙而巧雕之佳作。

該作品以石之天然賦形為象微物，它帶着藝術家作心靈遠足，平實且奇幻，虛靈且素樸。

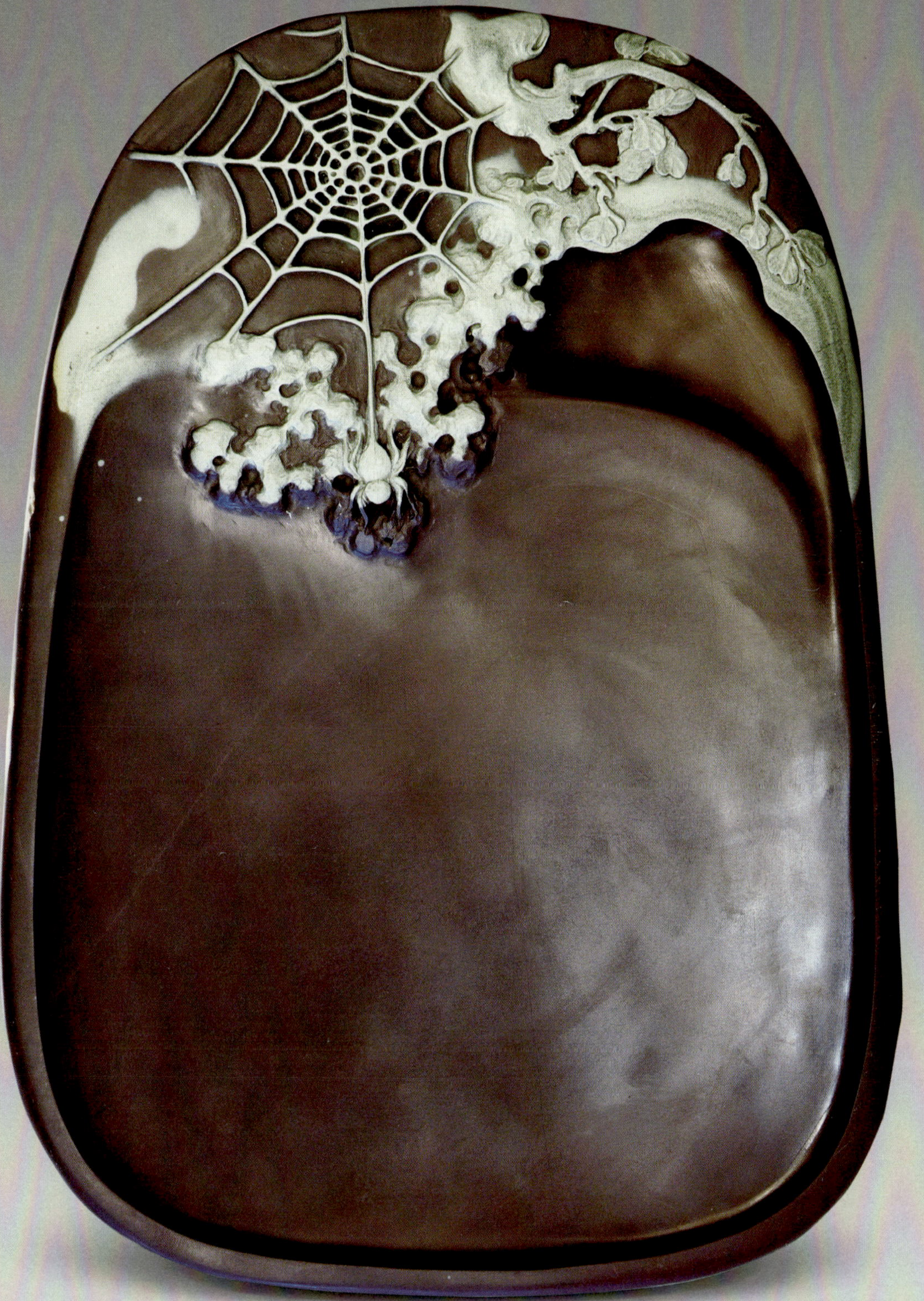

硯名　珠聯璧合
石品　苴卻硯
雕刻　朱灶青
規格　19.5cm×27cm×4.5cm

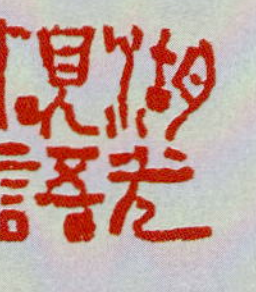

《馬到成功》局部

馬到成功　讀硯識理

一切有情衆生，都有其生滅榮枯理則，萬物惟有順應自然，方能永恆持久。人生在世，刪繁就簡，去偽存真，終不負天地庇佑，山水恩澤。心之靈臺，亦可載今承古，得雲會境。不往青山，亦可得山明之思，不臨水岸，亦可水秀之想。心有夢，藏丘壑，紅塵有如山林；興寄烟霞，浮世彷若蓬島。世間人衆，如能于浮華中守住純淨，心存執著，辛勤勞作，定然會『馬到成功』。

『己欲立而立人，己欲達而人為不忠；己之不欲，勿施于人為之恕』。翻開墨香流淌的書冊，感悟那些飽含哲理，得以修身齊家的句語，真的令人心存敬仰，靜止如蓮。許是心存『馬到成功』的信仰，我才心如玉石，又何來污濁？故有緣將《馬到成功》之苴却硯收藏。

這方硯，硯雕師劉開君利用石品之天然緣膘及樹化紋，精雕出了在草原上馳騁的駿馬，并將它以書簡的形式呈現出來。讀者讀之，其清新向上的主題，淳樸渾厚的特色，別具風采的品位，久久令人嘆服。

硯名　百福
石品　燕子石硯
創意　沉石
設計　沉石
雕刻　徐峰
規格　34cm×31cm×2.8cm
收藏　硯湖

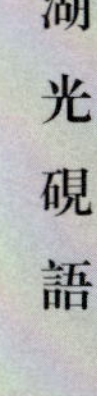

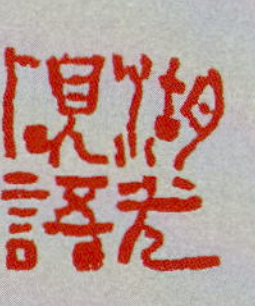

《獨釣寒江雪》局部

寒江獨釣　情景入境

一個真正的硯雕藝術家，應以胸懷的靈犀，喂養山水和人物；應刀隨心動，筆落現實與夢想之間。一方《獨釣寒江》硯，硯雕師方立清就將自己的藝術匠心于有意無意間放飛，其刀筆之下的景象就似活了似的有了生命，令人激賞。

這方苴却硯石十分絕佳，表面上有一層淺淺的白色，衹有少許黑色附着；難能可貴的還有其石品黃膘上同時附着綠膘，綠膘上又有少許冰凍紋，由上而下飄飄灑灑，又恰如紛紛揚揚的雪花飄舞。這方硯石在硯雕藝術家的刀筆下，既隨其造境有意地保留了原石天然部分，又在圓形硯堂右下角俏雕出一老翁寒江獨釣；那黃膘的硯堂正如那緩緩西斜的落日，硯面淺淺的白色亦如漫天茫茫白雪，此情此景，不正似柳宗元《江雪》所刻畫之境麼？

『千山鳥飛絕，萬徑人踪滅。孤舟蓑笠翁，獨釣寒江雪。』妙哉！一方硯，一掬情，一勝景，一深境。

硯名　馬到成功
石品　苴卻石
雕刻　劉開君
規格　49.5cm×21cm×4cm
收藏　硯　湖

秋意隨風到山家　孟　夏

金滿乾坤　佛之深境

佛無情，端坐蓮臺，心如止水。佛有情，隨緣教化度衆。雖説世間山河皆平等，但佛所度者，亦為有緣之人，可度之人。佛檻之內，無尊卑、貴賤之分，修佛之人，却要有一顆明淨無塵的禪心。在雲海無邊的經卷裏，我們是那永不言倦的擺渡人，無需歸岸，自在是佛。硯雕藝術家張曉駿之《金滿乾坤》硯，是一方和靈魂清澈對話的藝術佳作。它，令人常讀常新。

此硯石綠膘之上布滿金星，是一方極為罕見的石品，硯雕師之刀筆以大膽誇張的藝術探索，將大慈大悲的觀世音菩薩雕刻于硯之頂部，又讓觀世音菩薩手中的玉淨瓶撒遍大愛大福于人間。藝術家因材施藝，一幅大氣磅礴的硯臺精品就此誕生。

蘇軾有詩云：『長恨此生非我有，何時忘却營營？』此為名利劫。豁達明朗的硯雕師張曉駿的藝術踐行，讓讀者真正讀懂了『金滿乾坤』的觀世音菩薩之深境。

硯名　獨釣寒江雪
石品　苴卻石
雕刻　方立清
規格　35.5cm×20cm×5cm

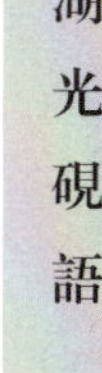

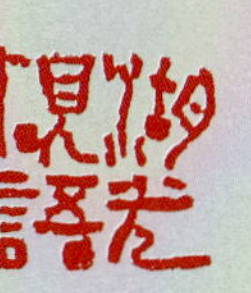

雲山秋高圖（局部）　李　兵

蘊藏豐盈　小中見大

最美的石頭，當是《紅樓夢》中那塊通靈寶玉。它本是女媧煉就的一塊頑石，因無才補天而隨神瑛侍者入世，幻化為賈寶玉落胎時口銜的美玉。這塊頑石，集千萬年日月精華，早通靈性。我收藏的雕刻藝術家羅氏的四枚印章，雖不是《紅樓夢》中的通靈寶玉，然卻在藝術家的刀筆下煥發了隨神靈性。

四枚印章均為苴却石品。『梅』章有『剪雪裁冰，一身傲骨』的風姿；『竹』章有『篩風弄月，瀟灑一生』的氣質；『菊』章有『白雲初晴，人淡如菊』的修為；那枚『山水』章，有『風清月白，峻嶺嵯峨』之品格。在這四枚印章的雕刻藝術創造中，雕刻家或借赫色石膘雕山水，或用石綠膘雕綠花，或用黃膘雕菊，或用綠膘雕竹，均將自己的藝術修養融入其中，使作品有了藝術的內涵。

總之，這四枚印章雖小，然雕刻師之匠心苦營的藝術境界却大，它能令讀者在賞析中窺出其奪目的藝術光彩來。

硯名　金滿乾坤
石品　苴卻石
雕刻　張曉駿
規格　50cm×30cm×5cm

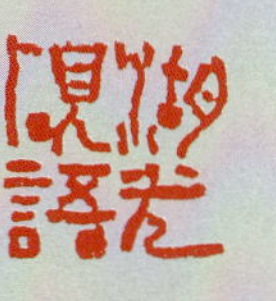

巍峨連天地（局部）　李　兵

太平有象　經久耐品

詩詞的意境，總是那麼美妙，有些好的詩或詞，隨性地翻讀，便烙刻在心間，無法忘記。就像某個期盼，雖心向往之，却可以久久地牽懷維系一生。亦如自己人生某個片斷，往往是刹那的光影，却定格成永恆。

『恨君不似江樓月，南北東西，南北東西，衹有相隨無別離。恨君却似江樓月，暫滿還虧，暫滿還虧，待得團圓是幾時。』讀吕本中的《采桑子》詞，讓我讀出了硯雕師劉曉軍《太平有象》硯的意境。

這方硯。是一方仿古硯。瓶狀的造型，簡達的綫條，流暢的刀筆，通俗的表達，深湛的意蘊，在硯雕藝術家的刀筆下得到了意味無餘的呈現。從其讓人讀之頓感親和，有一種自然流暢美的硯佳作中，我們讀出了硯雕藝術一種神聖。《太平有象》硯，不正似長在土壤中的一株蘭草麼？它樸素無華，却幽香入懷；不正似茶幾上的一杯清茶麽？它色味皆淡，却經久耐品。

硯名　印章四方
石品　苴卻石
創意　羅　氏
設計　羅　氏
規格　5cm×5cm×15cm
藏家　硯　湖

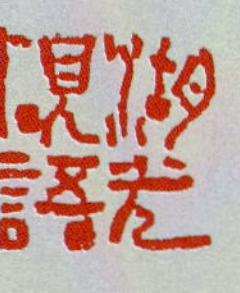

《咏梅》局部

一剪梅花　傲雪報春

一窗雪花，幾枝寒梅，塵世的清苦與榮華，都會被關在門外。暗香拂過，落于江南青瓦黛牆上，瞬間有了唐詩宋詞的韵致。這是我一次外出江南的境遇，過去多年了，然往情往景依舊歷歷在目。細讀硯雕師張龍之《咏梅》硯，我驀然揀拾回了往昔的記憶。

硯雕師刀筆之下的梅，有一種天然隨興的淳樸與雅逸。樹樹梅花笑，在風雪中競相綻放，煢煢傲立，不染鉛華，有着一種『江南無所有，聊贈一枝春』的情味。硯雕之刀筆傳神，他為雕出這『梅』的魂魄，刻出這『梅』的精神，其藝術踐行具有中國文化獨有的氣質與探求。西洋人之藝術重寫實、重客觀的描摹，而中國人之藝術重意蘊、重哲思和氣韵。這方硯，古樸、大氣中見雄厚，虛實詩情、簡淨中見虛靈。

讀者自然窺見，這方有着『凌波傲雪、高潔志士』之感的硯作，硯雕師因材施藝，以硯品中的極品黃膘鐫刻出了正在迎風傲雪的梅花，其『嚴寒未過春意濃』、『冬天來了，春天還會遠嗎』的蘊藉，令人在品味中收益良多。

硯名　太平有象
石品　苴卻石
雕刻　劉曉軍
規格　17cm×24cm×2.5cm

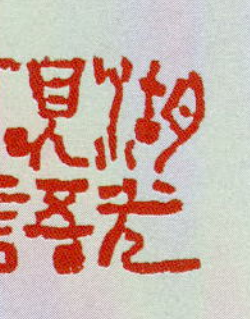

《八卦瀘石硯》硯背

八卦石硯　銘記風流

八卦圖衍生自古之《河圖》《洛書》。其中《河圖》演化為先天八卦，《洛書》演化為後天八卦。八卦各有三爻，『乾、坤、震、巽、坎、離、艮、兑』分立八方，象徵『天、地、雷、風、水、火、山、澤』八種性質與自然現象，象徵世界的循環往復，分類法如同五行，世間萬物皆可分類歸至八卦之中。蜀漢時期，有諸葛孔明八卦兵陣的典故，硯雕藝術家之《八卦瀘石硯》，就取材于此，就寄意于此。

此方硯為苴却硯石，因瀘石硯即苴却硯的肇始名。它形似青笋，暗紫肌理敷以綠膘，質地細膩。硯雕師以其左上角數道白且泛黃之石筋施行俏雕，呈現出了孔明占卜際掩耳冥思時的情狀，肖似逼真。令人驚嘆的是，藝術家張碩將石之瑕疵化為神奇，乃天工之合。

『隆中茅堂道玄機，草船借來百萬戟。亂石砌磊布軍陣，蜀漢江山天府立。』此方硯之背銘，從諸葛孔明『草船借箭』的典故活現了一代梟雄、一代風流。此方硯之風度格法、藝術造旨，均令讀者感慨無盡……

硯名　咏　梅
石品　苴卻石
制硯　張　龍
規格　20cm×16cm×13cm

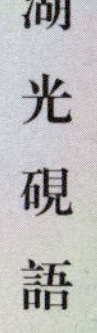

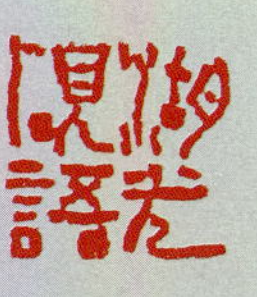

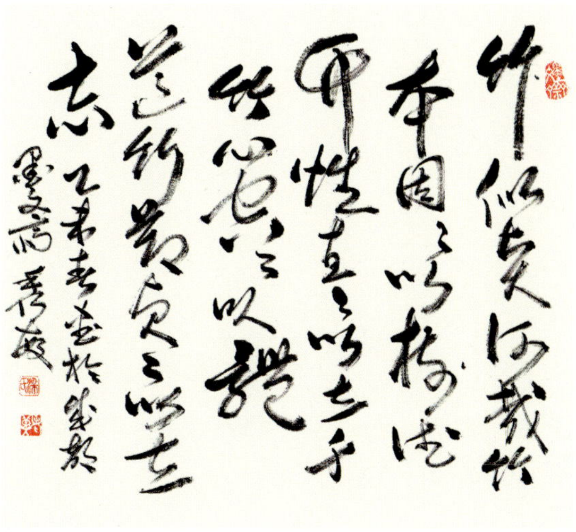

書法　梁秀敏

以竹制硯　不休其節

萬物有靈，衆生平等。如寄的人生，有太多縹緲的顧盼，于這昌明盛世，我依舊是那個背着世味的過客，尋找一片不染塵埃的明淨山水。匆匆中，我常常思索：一個人倘若放下執念，山水竹林便是他們此生的歸宿。每個人，都可以遵循自然規律老去，歸于山林，天地為冢。但他們最終沒能忘情紅塵，逍遥世外，後來竹林夢破，七賢離散。如同嵇康彈奏的一曲《廣陵散》，于今絕矣。

雖如是，然人們依舊重覓新夢，寄竹明心，在追憶故園芳菲裏拾起了自己的期盼。硯雕師王祖偉《不休其節》硯，就是一方寄志明心的作品。其硯在藝術家的刀筆下既保留了石品之石眼，將它飾以祥雲紋；又充分調動自己的藝術想象，在竹之高潔風骨裏，賦于了能證悟人生的思想內涵，從而使這件作品煥發了藝術啟人心智的魅力。

這方硯氣勢挺拔，靈動而深透地展現了竹之氣節與傲骨，它真的令讀者有了一份難以割舍的眷念。

硯名　夔州南江諜西川
石品　苴卻石
制硯　張碩
硯銘　沉石　程禮徽
刊銘　張玉杰　程禮徽
款銘　惠東存　柳新祥　馬萬榮
　　　俞青
規格　18cm×30cm×3.5cm
收藏　張竣山

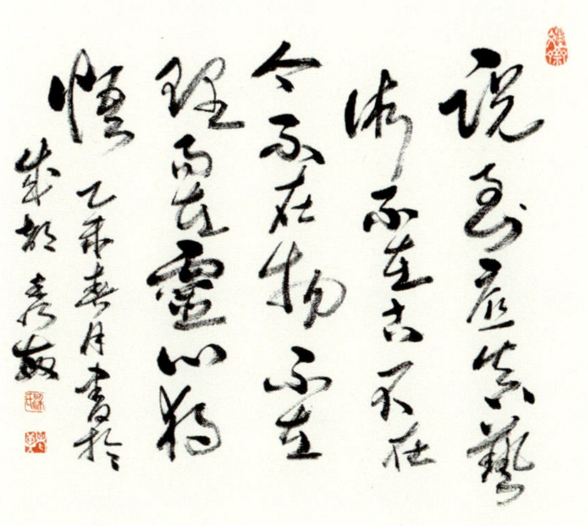

書法　梁秀敏

江南水鄉　出落凡塵

似一葉扁舟，在江南透明的水波中鑿室而居，構築家園。依山為鄰，枕水入夢，江南水鄉在無邊的蒼穹裹放飛陽光，也放飛群鳥，那一排排徽派建築在諧美的藍天捕捉期冀的霞輝。

硯雕師冉洪虎魂系水鄉，彷若亦依水而居；若否，他怎麼會在江南打撈水鄉生活的剎那，刀筆流淌出這麼多依戀之情……我們說，真正的藝術神品要超出形式之外，應為『雖是山水又不在山水，不在山水又必托于山水』；應為情景交融，聲色具備。硯雕師的這幅作品，既在形式上形逼真、神肖似，又實在、真實且虛靈、境深。

說到底，真藝術不在古，不在今，不在物，不在理，而在含蓄多情，靈心獨悟。硯雕藝術家是個清醒的人，他的藝術有出落凡塵、蕩盡人間烟火的韵味，有着令人沉醉的，使人從容瀟灑，融通一體的藝術情境與特色……

硯名　不朽其節
石品　苴卻石
雕刻　王祖偉
規格　14cm×21.5cm×3.5cm
收藏　硯湖

廣大靈感觀世音菩薩　張躍軍

美中之藏　覺解觀音

南宗禪的聖經《壇經》通篇勸世，就是講人如何達到摩訶般若波羅蜜境界。摩訶是大，般若是智慧，波羅蜜是度到彼岸。佛的境界，對我輩世俗之人有着極大的啟迪。雕刻觀世音菩薩聖像，是待渡人解讀人生的藝術體驗。硯雕師張健之《觀音》硯鬼斧神工，自然古樸，它無疑凝結着藝術家博大的胸懷和殷殷的心血。

此方硯臺造型自然渾樸，觀世音造像有着純美、飄渺的意境。我們說，在佛教，每個人其實都是需要『度』的，靈葦一片，渡出苦海，度到彼岸，是人永恆的願望，硯雕師的這方硯雕，意境『以生機為運』，其『美中之藏』有着精神的流衍，覺解栖息的秘境。

看得出，硯雕師自己獨具的雕刻藝術語言，已經開掘出了新的表現可能性，通過心靈的抒懷，表達了一種獨特的感覺與智慧。

硯名　江南水鄉
石品　苴卻石
雕刻　冉洪虎
規格　30cm×27cm×3cm

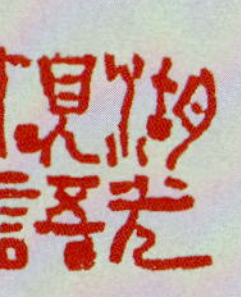

高士山野間　李風杉

疏影横斜　喜鵲鬧梅

『昨夜綺窗前，寒梅著花未。』唐人王維如是詩云。這個詩中有畫、畫裏含詩的雅士，用禪意輕靈的口吻詢問梅花，讀來備覺閑淡清絕，逸趣横生。他眼中的梅，不僅有清貞優雅的人格，還可以為之傳神寄意，推心置腹。梅花被其賦于了蓬勃的生命，仿佛在某個月夜，會幻化為白衣仙子，與他交杯換盞，琴瑟相諧。硯雕藝術家劉開君之《鬧梅圖》硯，有着一種『人情有如紅梅白雪，世事不過春華秋實』的意蘊與風骨。

這是一方石品為黄膘且功能實用的硯，硯雕師酷似一株『獨自開無主，零落成泥碾作塵，衹有香如故』的梅樹，繁花綻開自己的藝術創造，其刀筆栩栩如生地雕刻出了花團簇擁的梅樹，喜鵲駐立于梅梢，一副風姿綽約、暗香縈懷的情境。

婀娜多姿趣天成，鬼斧神工無不奇。硯雕師之《鬧梅硯》，一幅盎然的喜報春光的圖卷。

硯名　觀　音
石品　苴卻石
雕刻　張　健
規格　35cm×15cm×9cm

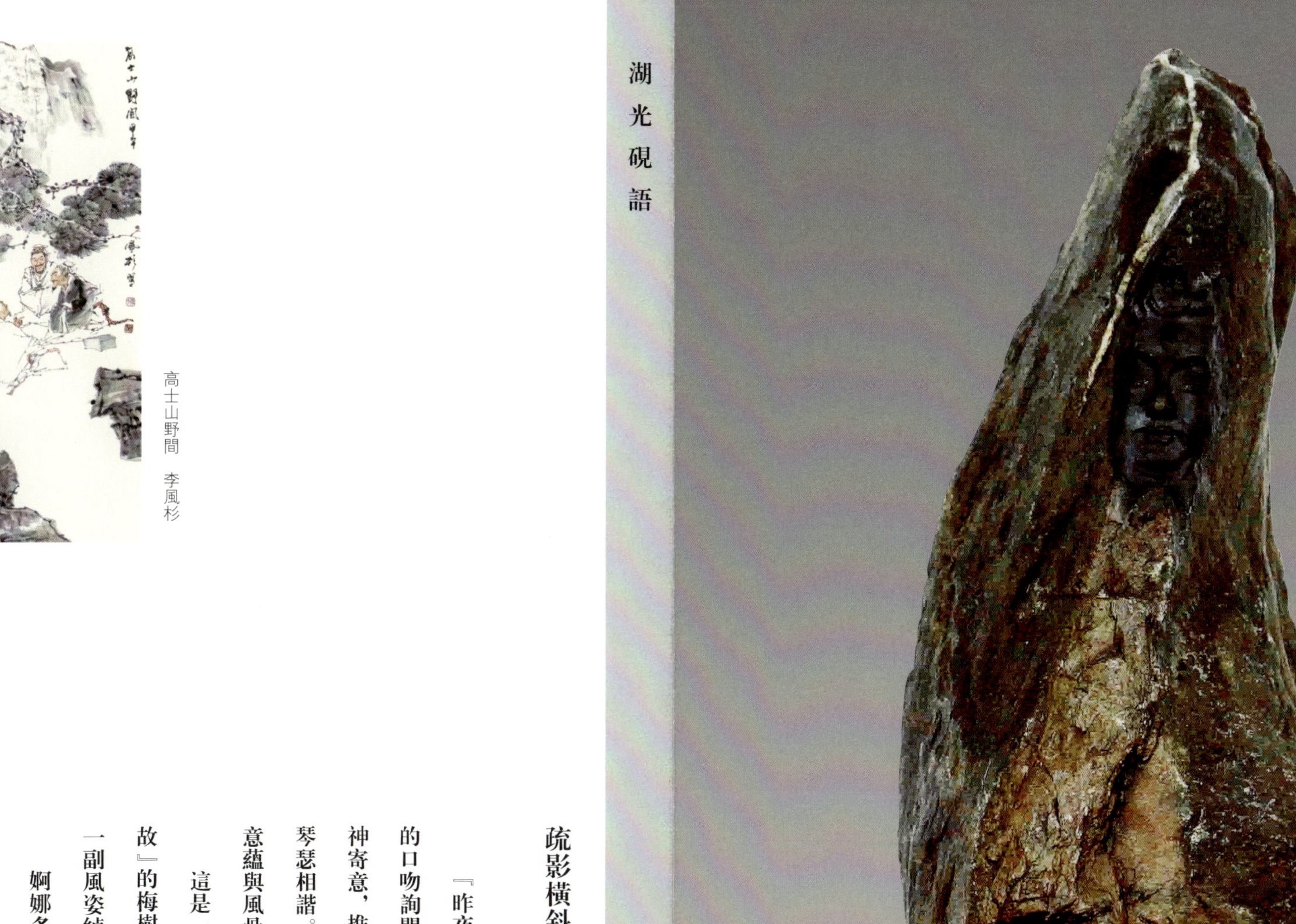

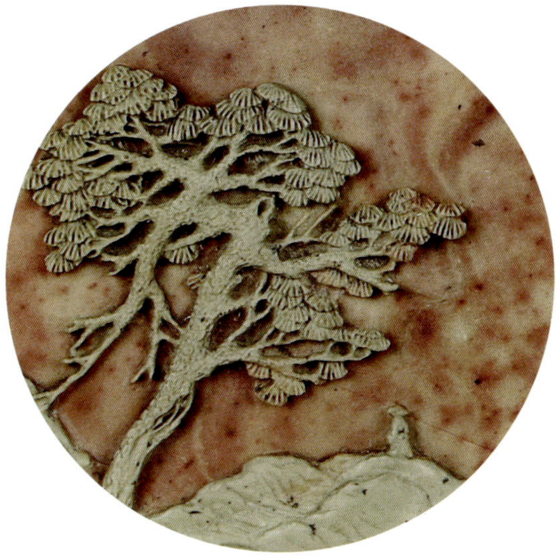

《殘陽如血》局部

簡古奇幻　殘陽如血

中國的藝術，是一條高遠、超逸的心性之路。走在這條路上，我們會遇見李白、杜甫、蘇軾、王國維等先賢。看得出，硯雕藝術家張曉駿在先賢處汲取了豐厚的營養，他之刀筆能隨自己的心境一同提升、提純、散淡、古雅。讀其《殘陽如血》硯，我們的心境會布滿溫潤，會充滿澄澈。

這是一方十分罕見的苴却石神品，星點狀的胭脂凍撒滿硯面，在火捺胭脂暈的烘托下殘陽如血。硯左下角綠膘被硯雕師雕刻成江畔小船，那山邊鬱鬱葱葱的蒼柏及登高遠眺的游人在殘陽的血色裏醒目耀眼。它令讀者腦海油然而生二千多年前霸王別姬之生死訣別時的悲壯場面。

這方硯氣韵俱盛，簡古奇幻。它酷似一首詩，在如血殘陽裏，我們的耳畔似又鳴起『生當作人杰，死亦為鬼雄；至今思項羽，不肯過江東』的詩句。今人心海波滾浪卷，一刻也難以平靜……

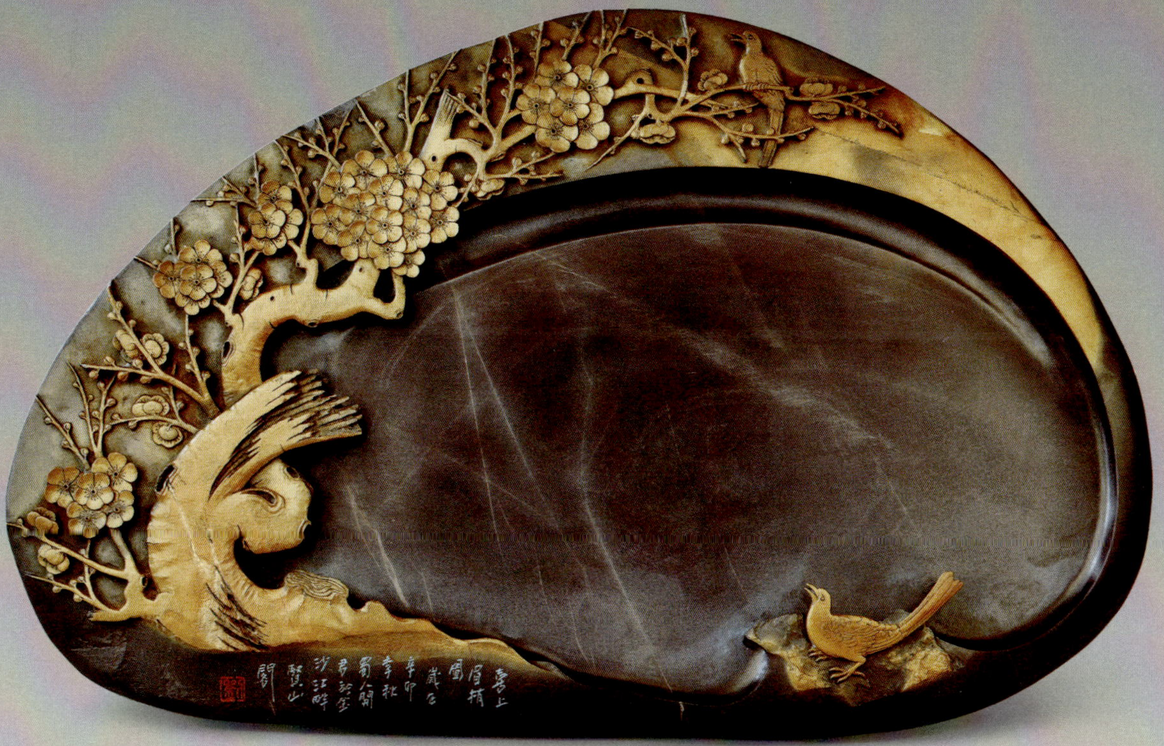

硯名　鬧梅圖
石品　苴卻石
雕刻　劉開君
規格　68cm×44cm×6cm
藏家　硯湖

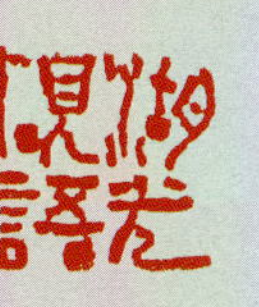

詩壇三友圖　李風杉

詩飾寫鷹　天趣可掬

青山儲風雨，那是一面徵服的旗幟；雄鷹展翅飛，那是一種豪邁的氣勢。山是水的筋骨，水是山的血液，而鷹是山之生命的脈跳。讓我們沿着硯雕師張龍的心河，渡過那崢嶸的山水，去尋找自己心中的雄鷹。

一對大小近乎相同的『眼』，在硯雕師張龍的刀筆下創意為一對炯炯有神的鷹眼，誇張、暢神，意造境生，無妙不入，渾然天成。這是一方構思得巧、以少勝多，『言有盡而意無窮』，有着藝術張力的硯品。硯雕師雕局部，雕片斷，雕直觀印象最深的形象，能令人引發聯想，以少少許勝多多許，讀出『言外之意』，聽出『弦外之音』。

總而言之，中國藝術重達意抒情，這方硯以鷹為心象，來表達藝術家自己對世間物象及人生的感受、情思。硯雕師刀法簡練，筆勢敏鋭，剛中有柔，柔中存剛，不裝巧趣，皆得天真，其渾圓秀潤的藝術創造賦予了作品以靈魂、意境。

硯名　殘陽如血
石品　苴卻石
制硯　張曉駿
規格　35cm×20cm×4cm
收藏　硯湖

硯名　鷹
石品　苴卻石
雕刻　張　龍
規格　20cm×16cm×2.5cm

《踏雪尋梅》局部

踏雪尋梅　刀筆凝神

讀過許多咏梅的詩句，那些看似婉轉清揚的花朵，總蘊含一份冷月的孤獨；而梅在不同藝術家之筆下，却有着不同的風骨和傲氣，也有着不同的性情和命運。世人愛梅，是覺得梅在烟火人間，有一種與世隔絕的空靈和純淨。繁鬧疲倦時，梅有如素影清風，片刻便讓你安靜下來。寂寞無依時，梅宛若親友良朋，與你相知如鏡。

硯雕藝術家張竣山、張健創意、設計、制作的這方《踏雪尋梅》硯，為什麼會榮獲『第五屆中國工藝美術大師作品暨工藝美術精品博覽會銅獎』？無庸置疑的是其作品有着司空圖《二十四詩品》中所贊譽的境界，即雄渾美。我們説，『雄渾』乃審美第一境界。陰柔也是美的，秀美也是美的；小橋流水是美的，花花草草也是美的；但是最美之境界依然是雄渾博大的境界，是一種享受美。

這方硯石面上布滿了大小上百個石眼，硯雕家細品此石，精心構思，將大些的石眼幻化為梅花，小些的石眼化作為雪花，并順勢雕琢，將石面左下部分保留為起伏不平的坡地、野石及飽經滄桑的梅樹，六百餘個石眼精雕為或燦然怒放、或新蕾初綻等千姿百態之梅花，又在硯石下角，畫龍點睛般地雕出一高士踏雪而來，寓意深湛，新境叠出，令人神往。

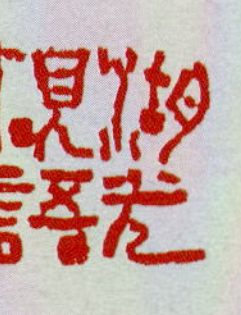

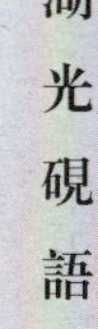

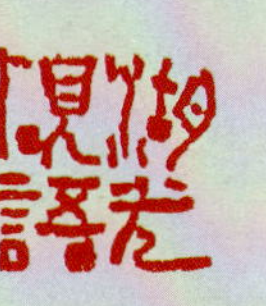

虛心君子　肖朝德

秀色如波　梅竹雙青

遠山如黛，翠竹蕭蕭，肆意生長，隨處可見，折竹為食，削竹為笛，伐竹為舟，砍竹為薪，它衹愛隱隱青山，悠悠綠水。一剪清逸，一剪風雅，無論是生長在山林空谷的梅，還是種植在驛外斷橋的梅，抑或坐落于庭院清閑的梅，總能穿過喧囂與繁華，自持一份冰清與玉潔。

竹梅似琴簫合奏，有着自己的風骨和傲氣，也有着自己不同的性情與命運。硯雕師張龍之《梅竹雙青》硯，不正是能抵達人們生命主題的一件藝術精品麼？『梅花屢見筆如神，松竹寧知更逼真。百卉千花皆為友，歲寒衹見此三人。』《歲寒三友》如是云。這方硯似乎蘊藉着哲理，它讓我們『折梅逢驛使，寄與隴頭人。江南無所有，聊贈一枝春』，亦讓我們『獨坐幽篁裏，彈琴復長嘯。深林人不知，明月來相照』。

這是一件斑斕奪目的藝術創作，更是一件硯雕師用心構築的充滿寓意的意念世界。讀之，總能令讀者脫略凡塵，擁有慧心成為圓滿智慧的覺者。

硯名　踏雪尋梅
石品　苴卻石
創意　張竣山
設計　張竣山
雕刻　張　健
鐫銘　張　碩
規格　125cm×85cm×3.2cm

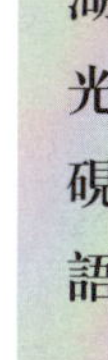

楚江春曉・滄浪着漁舟　楊昌林

夢游蓮湖　摘葉銘志

夢中劃一葉小舟，在碧葉千叢裏，采幾捧蓮之新葉，萬般深情，我于茫茫天地間，竟無人收留。這是我走近蓮池之際的心境。硯雕師之澄泥《荷葉硯》，是這般小巧玲瓏，造型美得令人心顫。

『越女作桂舟，還將桂為楫。湖上水渺漫，清江不可涉。摘取芙蓉花，莫摘芙蓉葉。將歸問夫婿，顏色何如妾。』此為唐人王昌齡的《越女》詩。詩中采蓮的意象，與古樸的鄉間，是另一種風姿。我讀《荷葉硯》上的荷葉，却似那卷起的荷葉的真實物象，此刻似乎還未舒展開來；荷葉之上的脈絡清晰可見，荷葉上的蟲眼更是惟妙惟肖，令人驚嘆。藝術家的藝術勞作，那鼓蕩的靈氣襲人，沁人心脾。

我收藏這方硯，是收藏那些已被歲月遺忘的往事，是收藏一種『出淤泥而不染，濯清漣而不妖』的古今同往的飄逸風骨。

硯名　梅竹雙青
石品　苴卻石
創意　張　健
設計　張　健
雕刻　張　龍
規格　46cm×28cm×6cm

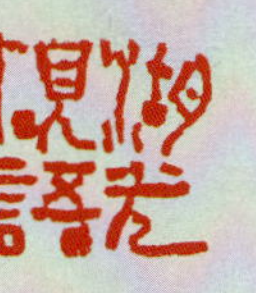

花語深處　王軍英

活寫海韵　天地澄明

是誰導演了這壯觀的一幕？喧騰而來，又咆哮而去，吶喊着，如九萬個雷霆滾過，似九萬顆珍珠濺落，像九萬匹彩錦抖閃，就這樣撼天動地，懾人魂魄！這奔涌不息、亙古不變的海濤，有人寄寓着靈魂的吶喊，青春的激情，生命的閃光；有人放歌華夏民族的血脈和古老燦爛的圖騰，中國之舟在歷史峽谷疾速而艱難的前行和中華民族延綿不絕的精魂。硯雕師之《海韵圖》硯，寄寓自不待言。

這方硯出彩處是石眼衆多，方寸之間的硯堂上竟有大大小小十二顆石眼，它顆顆睛明瞳亮。硯雕藝術家徜徉在這方硯石的意象中，心中對海之韵有了溫情和敬意，故在硯雕過程中既極大限度地保留了其石眼，更為巧妙地是充分調動藝術的手段，寫活了這幅海韵圖，讓它潔淨無塵，通體透靈，碧空萬里，天地澄明，在渾樸裏透出了高逸。

我珍愛這方硯，珍藏這方硯，亦深深地體悟着這方硯。

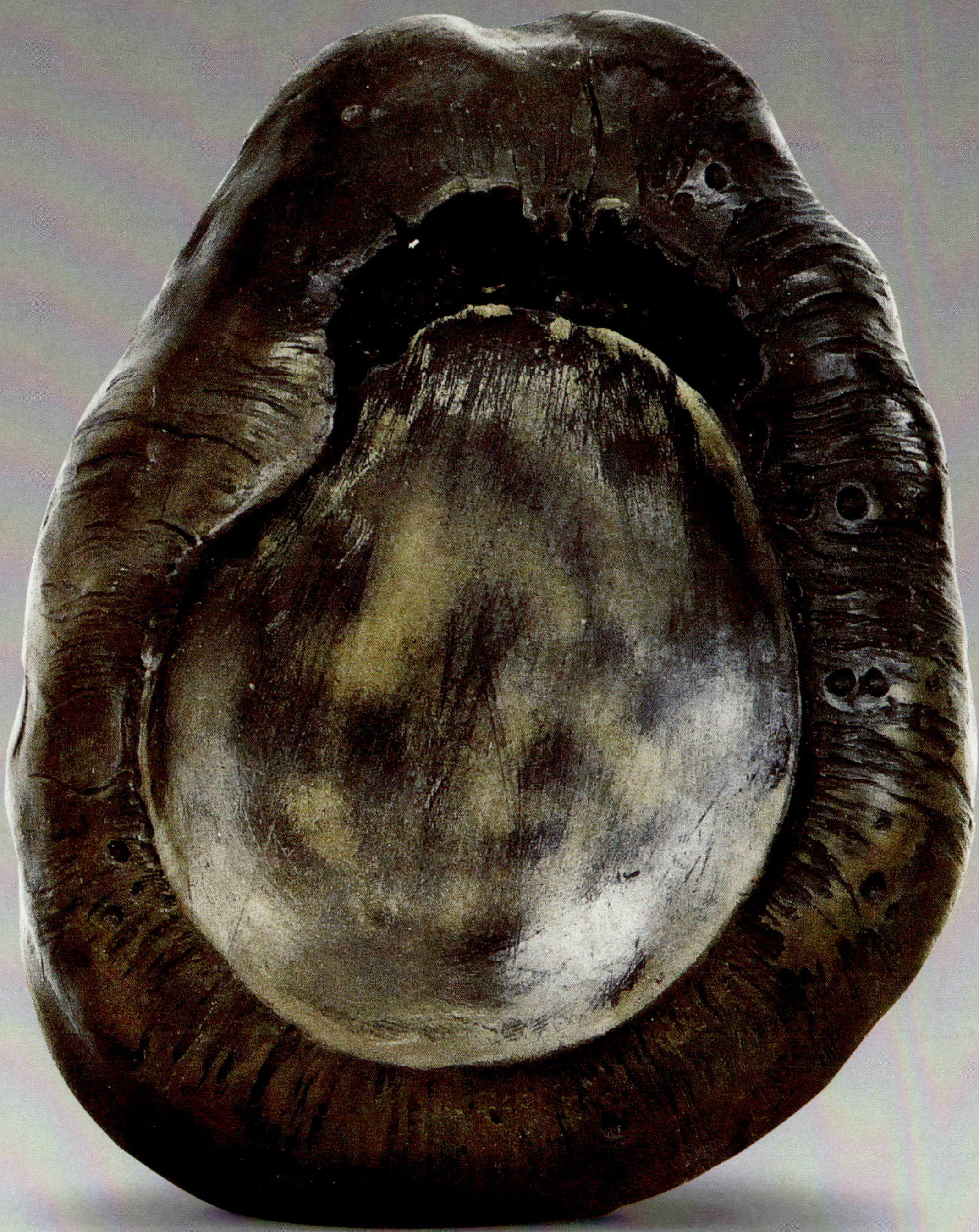

硯名　荷葉硯
石品　澄泥硯
規格　10cm×14cm×3cm
收藏　硯湖

清茗圖　李耀奎

松下撫琴　暗香襲人

琴聲悠悠，似水流淌，一首《月滿西樓》被無數個鐘情男女吟唱。可我不知道，誰才能唱出李清照想要的滋味，相思的滋味。明月挂在中天，安靜而溫柔，鬱鬱葱葱的松下老者彈響琴曲，酷似彈出了他『生當作人杰，死亦為鬼雄。至今思項羽，不肯過江東』的心音，那琴頭如稀世珍寶的碧綠的石眼，亦彷彿在琴音裏悄悄融化……

這是一方《松下撫琴》苴却硯，硯雕師劉曉軍的刀筆頗具藝術穿透力，其創作形神兼備地顯示出了『雲峰石迹，迥出天機，筆意縱横，參乎造化』的境界特點。它在硯石的方寸之間，不落凡俗地創造了松下撫琴的自保堅貞、自存高迴的藝術情韵。

這方硯的藝術追求是『流水澹然去，孤舟隨意還』般的散淡、清空，亦散發着一種『蒼崖積空翠，怡我曠古心。飛泉落深谷，泠泠弦玉琴』的淡淡的香味……

硯名　海韵圖
石品　苴卻石
規格　27.5cm×34.5cm×4cm

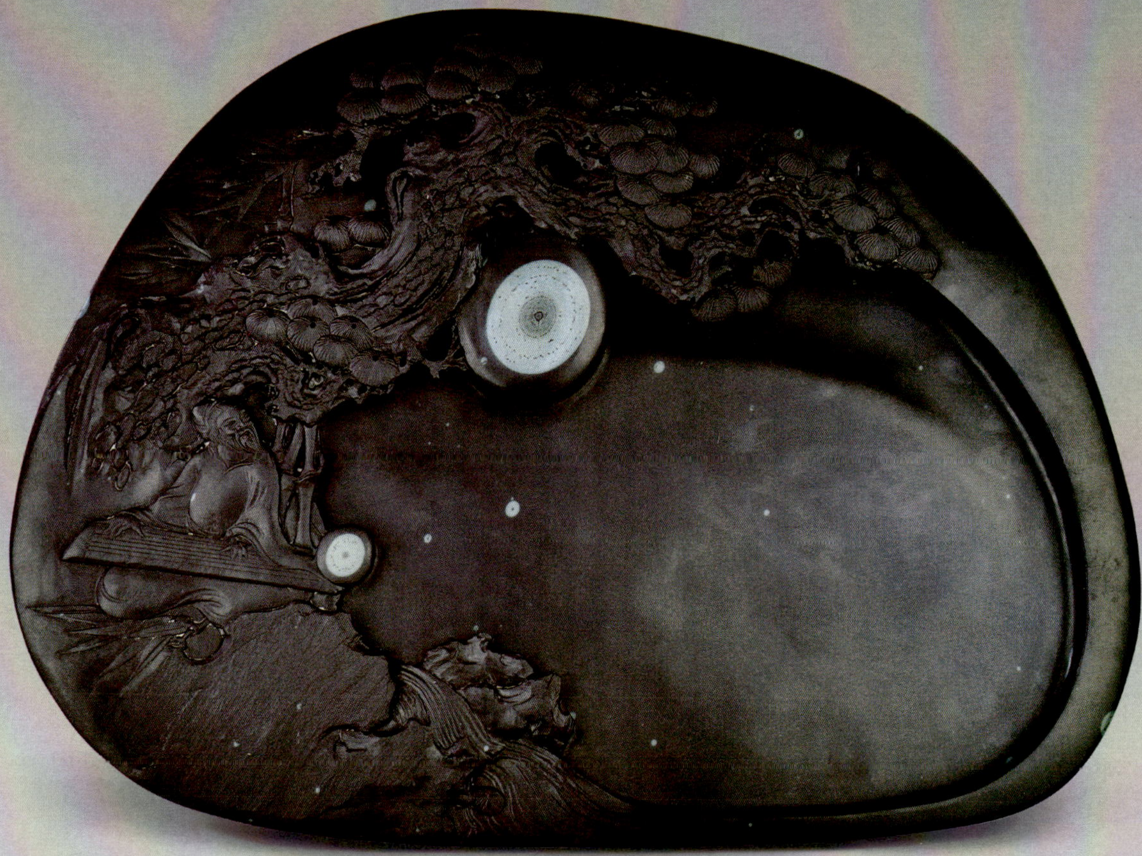

硯名　松下撫琴
石品　苴卻石
雕刻　劉曉軍
規格　41.5cm×32cm×5cm

春野覓趣　王軍英

形神兼備　三星青銅

我的故事，蒼白簡單，而青銅的故事，卻含蓄悠長。早知道青春易逝，真該好好地相待每一寸光陰，一如銅，燒注成各種器物，見證自己存在的價值。大概從堯舜禹時代起，青銅已經被應用，并且逐漸興盛起來。夏代始有青銅容器和兵器。商晚期至西周早期，為青銅發展之鼎盛時期，器型渾厚、銘文深長、花紋繁縟。之後，青銅器的胎體開始變薄，紋飾亦簡潔樸素。青銅器是一個時代之烙印，每一個器皿，每一種造型，皆由手工制作，皆舉世無雙。硯雕藝術家劉曉君之《三星堆》硯，以大量出土的青銅器作為背景，充分展示了華夏文明的青銅時代。

這方硯以三星堆青銅縱目面具的雕刻引人注目，其細致、精巧的鐫刻技藝感人彌深。特別是硯雕師刀筆之下的青銅縱目面具眼珠呈極度誇張狀向前延伸，雙耳向兩側充分展開，口闊鼻短，作神秘微笑狀。其餘的青銅器如罐、如意、錢幣、瓦當等，均充分展現了當年青銅文明的繁榮。在藝術創造中，硯雕藝術家利用黃膘石色雕成三星堆青銅器或青銅器于出土時在坑中的散落狀態，亦實亦虛地幻化出了三星堆之情境。

我們說，如果可以講素描是一個畫家作品的鑰匙，那麼硯雕藝術家的雕刻當為一種立體展現的素描。劉曉軍之《三星堆》硯，物象栩栩如生，惟妙惟肖，其活着的立體的素描概括能讓讀者煥發出一種純美與詩意的藝術享受。

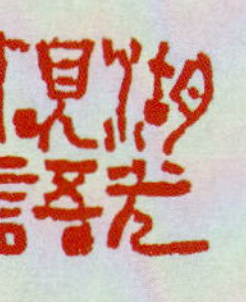

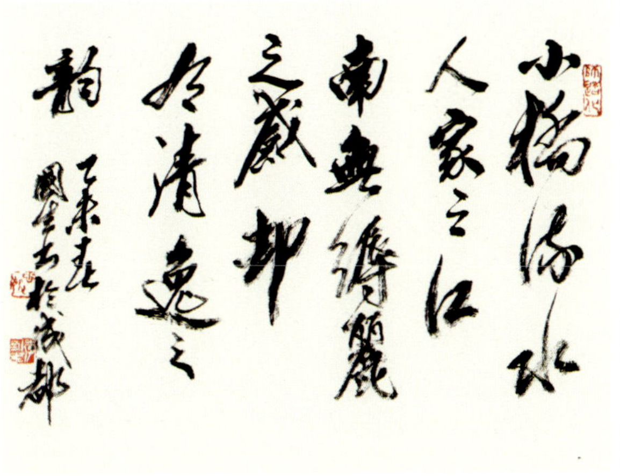

書法　李國生

江南春韵　款款深情

『小橋流水人家』的江南，簇擁出寧靜的民居，掀開了一簾迷人心魂的風景，泊動着一泓纏纏綿綿的情愫。水鄉清新，裊裊娜娜的薄雲散盡，陽光似雲裏漏下的雲霞，鋪出水鄉的安謐和溫馨。我珍藏的《江南春》苴卻硯，珍藏的并非一件實物，而是撫慰從春到秋的自己的一段溫馨的南國夢。

這方硯石石品豐富，黃膘、樹化紋相輔相融。硯雕師巧取硯石上的黃膘圖景以淺雕之手法刻出江南民居的亭臺樓閣，再于左下角以具象手法雕琢出一祇烏篷船泊于江上，渾然托出水鄉盎然的生命脈跳與悠然詩韵。

這方硯令人崇敬的是，硯雕師在自己的藝術創作中，動了『與元化游』的心思，其作品有着一種『不愁明月盡，自有暗香來』的境界。它無縟麗之感，却有清逸之韵。

硯名　三星堆
石品　苴卻石
創意　張　健
設計　張　健
雕刻　劉曉軍
規格　61cm×41cm×4cm

《孔子周游列國》局部

一代聖人　周游列國

邂逅這方硯，我如同在春之暮野，邂逅兒時的摯友，親情流轉，喜悅蔓延，怦然心動。這方《孔子周游列國》苴卻硯，是我人生的初見，令人喜出望外。我一直深深地相信，中國著名的大思想家、大教育家、政治家、儒家學派的創始人孔子，是中國乃至世界上一座令人望而生敬的豐碑！硯雕藝術家方立清以自己的學識、修養，用手中的刀筆生動地詮釋了孔子斑剝的人生。

這方硯的藝術構思，硯雕師是以連環畫的形式構圖，分上、下兩篇。一為孔子初始周游列國時的情境，二為孔子已到一目的地，正欲入城。整方硯謀篇布局井然有秩，上下銜接天衣無縫。其藝術特色真幻叠加，虛虛實實，實得靈動，虛得真切。藝術家在硯之雕刻中右實左虛，并配以石品之上的金色黃膘，標新立异地展示了此方硯之獨一無二的品質。

人們不會忘記，孔子曾受業于老子，帶領部分弟子周游列國十四年，晚年修訂了《詩》《書》《禮》《樂》《易》《春秋》六經，其弟子三千，一部《論語》便匯萃了他一生的言行與思想軌迹。硯雕藝術家的《孔子周游列國》硯，便如是升華了孔子的一生。它，既是記載有血有肉、有情有意真孔子的一篇銘文，又是復活蘊含豐潤、啟迪人生的真孔子的一方硯壇佳作。

硯名　江南春
石品　苴卻石
規格　40cm×18cm×4cm
收藏　硯　湖

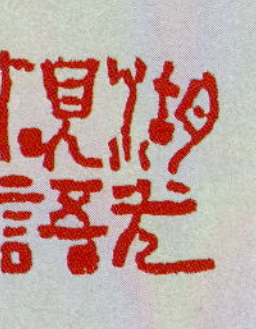

峨眉春色　王軍英

驀然回首　美凝奇石

生活不等于藝術，從生活到藝術，經歷着認識過程的飛躍。嘗過創作甘苦的人都有這樣的體會：有時，作者有大量的生活積累，可是苦思冥想也找不到好構思。在『踏破鐵鞋無覓處』的不經意間，一旦遇到某種有本質特徵的偶然事物的啟發，便會豁然開朗。一句話，長期的積累，艱苦的探索早已為『得來全不費工夫』準備了條件，所以頓開茅塞，突然領悟的到來便無可厚非。硯雕藝術家之《奇石硯》，就雄辯地向讀者彰顯出自己的風采。

這方《松花奇石硯》，硯雕師張玉杰之創作是以松花石的天然形體賦意，上鑿硯堂即成，具象生動，天賜石珍，妙手可得。也許面對此石，有人沒有經過『衣待漸寒終不悔，為伊消得人憔悴』地求索，沒有經過『獨上高樓，望盡天涯路』的跋涉，他之刀筆下是不會成就此硯的。而我們的藝術家，是經過了這兩重修煉，所以其硯才煥發了『不雕勝有雕』的藝術光采。

『藝術美是由心靈產生和再現的美，心靈和它的產品比自然和它的現象高多少，藝術美也就比自然美高多少。』黑格爾的話，為我們硯雕藝術家這方硯給了最為中肯的評價。

硯名　孔子周游列國
石品　苴卻石
雕刻　方立清
規格　31.5cm×21cm×3cm

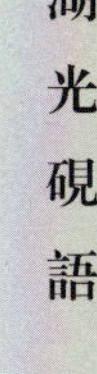

硯名　蠶
石品　松花奇石
制硯　張玉杰
規格　21cm×17cm×12cm

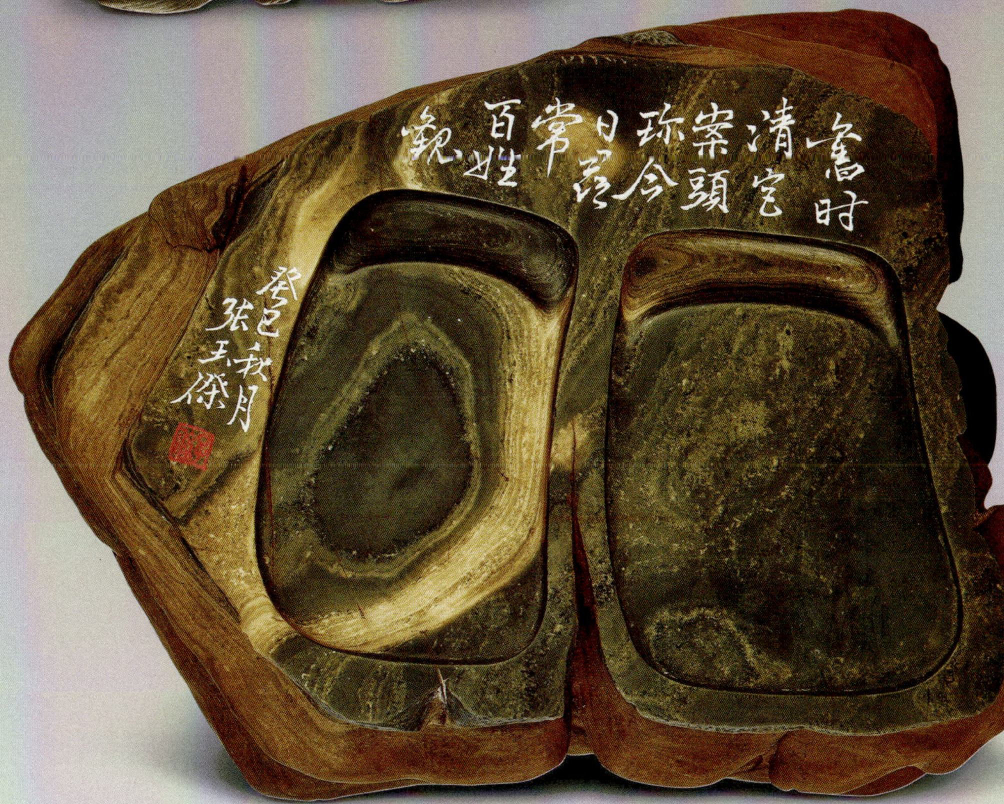

硯名　奇石硯
石品　松花石
制硯　張玉杰
規格　28cm×20cm×13cm

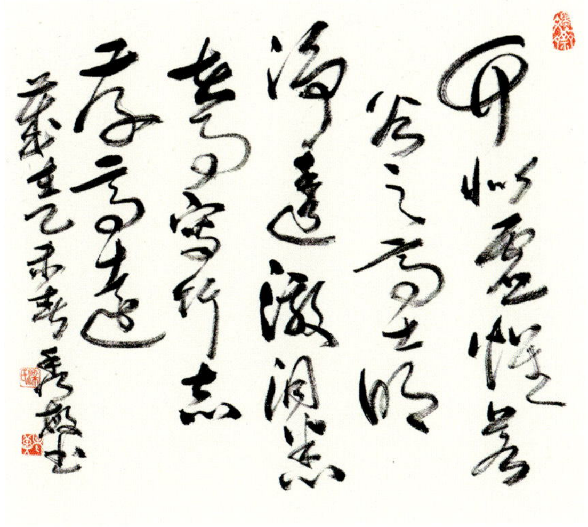

書法　梁秀敏

清風明月　匝地瓊瑤

萬物無常，沒有誰可以孤標傲世，永遠渾然天成。讀罷硯雕師張曉駿之《清風明月》硯，我覺得竹應該像一個虛懷若谷的高士，帶着幾許禪道的意味，明淨透徹，洞悉世事。然而它遺落紅塵，做俗世雅客，同樣從容曠達，淡泊高遠。竹質樸清白，灑脫飄逸，自古以來贏得了世人喜愛。

品讀這方硯，品讀硯上那些深翠幽篁，我為硯雕師之精湛的藝術踐行而自豪。你看那硯石中的許許多多的點點小眼，正緊緊迎合了藝術家之奇思妙想，他讓它們幻化為點點雪花；你看那風雪中的勁竹，在明月下的清暉裏亭亭玉立，多麼形真，多麼神似。讀它，誰人不為之驚嘆！

這方硯的人眼是點睛之筆，在硯雕藝術家的構思裏，不正是有着魂靈的『月』麼？它明淨透徹，仿佛洞悉了世事，亦仿佛掛在竹梢，匝地瓊瑤，美侖美奐！

荷塘掠影　王軍英

荷風世界　心似蓮開

若論風雅柔情，當屬西子湖中的蓮荷。宋人楊萬裏詩云：『畢竟西湖六月中，風光不與四時同。接天蓮葉無窮碧，映日荷花別樣紅。』詩人筆下的蓮荷，給得起讀者夢裏的等待，詩樣的情懷。硯雕藝術家張洪海之苴却硯《荷風》，寫盡了蓮之清姿秀容，飄逸風骨。

此硯，石品絕美，藕粉凍與玉帶綠膘已幾近玉化，質理細膩致密、溫潤玉潔。硯雕師得此奇石，刀筆將其精雕為一衹荷花，沒有『小荷才露尖尖角』的婀娜，亦沒有『留得殘荷聽雨聲』的凄清，却有着『映日荷花別樣紅』的燦爛與熱烈。

『驟雨過，珍珠亂撒，打遍新荷。』元好問詞中的情境千古相同。硯雕師之創作耐人尋味的是有着『一花一天堂，一草一世界。一樹一菩提，一土一如來。一方一淨土，一笑一塵緣。一念一清淨，心似蓮開』的大美。

硯名　清風明月
石品　苴卻石
雕刻　張曉駿
規格　30cm×24cm×4cm
收藏　硯　湖

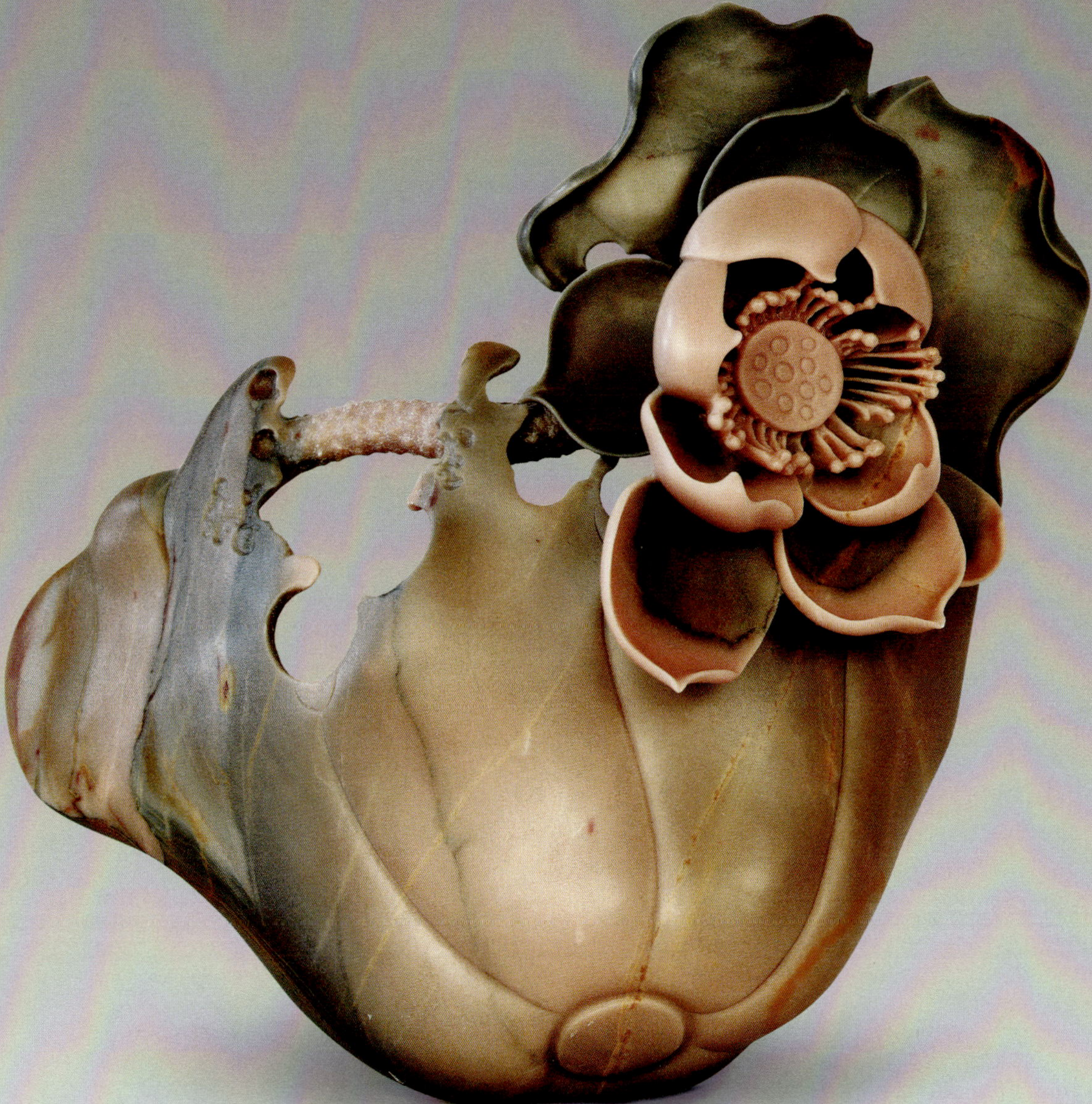

硯名 荷風
石品 苴卻石
雕刻 張洪海
規格 31cm×28cm×10cm

一葉知秋 豐神朗秀

在我的心中，中國書畫藝術是無言的詩，無言的舞，無聲的樂。的確，中國書畫藝術的魅力，帶着不可言說的妙處與韵味。一幅好的書畫作品，無論是何種形體，一旦相逢，如見山水，如沐風月，如遇知音。一個偶然的機遇，遇到一對山水、花鳥鎮子，那雕刻家帶有神來之筆的藝術作品令我如逢良友，如遇花開，動心動情，故收藏于它。

這對鎮子凝聚着雕刻家之學識、修養、人生閱歷，其藝風搖曳，姿態萬千，各表達了自己生命的情調，各顯示了自己多彩的風華。前者為一幅山水畫構圖，多以苴却石綠膘俏雕：山鄉冥夜，月挂中天，溪湖蕩漾，綠樹簇擁，舟楫停泊，這豐神朗秀、清新雅靜之境多麼令人嘆服。後者為一幅花鳥畫構圖，亦以苴却石綠膘俏雕：水鄉籬邊，神韵天然，花開正艷，婉轉多情，纖塵不染，這妙趣橫生、詩韵幽深之意，多麼令人生情。

這一對鎮子體現出了雕刻家高逸的靈魂，有着一種『坐絕乾坤氣獨清』的氣質。它清的靈魂，雪的精神，在雕刻家藝術創作的靈囿中蕩漾。

峨山清峻圖 孟夏

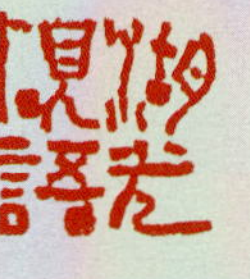

拜泉　李風杉

精艷絕人　冰肌玉骨

刀筆之法，在乎心使腕運，要剛中帶柔，能收能放，不為刀筆使。當然，硯雕藝術家刀筆之要，存心要恭，落刀要松。存心不恭，則刀筆散漫，格法不具；刀筆不松，則無生動氣勢矣。我久久揣摩硯雕藝術家的精品創作，真的心有許多感慨。硯雕藝術家曹加勇之《冰肌玉骨》硯，在藝術創作中，堪稱用心用法之楷模人。

這方《冰肌玉骨》硯，作品巧妙地利用了紫黑石面上那層帶火捺的綠膘，精心雕刻出了一樹綠萼，精警的是一輪新月透過綠萼將縷縷銀光拋灑于庭院，月光下，兩仕女一坐一站在花下，或默默閱讀，或靜靜沉思，那意象不正似八大山人之詩中境：『冰肌玉骨絕纖塵，天上何年謫太真；半落半開一二分月，向南向北兩邊春；鐘殘角斷情無着，水碧山寒淡有神；欲折一枝香滿袖，不知持贈與何人。』

這是一方有着音樂特質的硯，『琴為書室中雅樂，不可一日不對清音』，我們賞析者應將它帶有音樂特質的美感唱出來，讀出來！

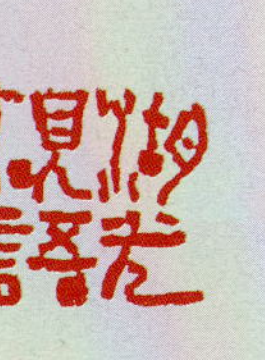

硯名　鎮紙一對
石品　苴卻石
規格　30cm×6cm×2.5cm

湖光硯語

曹公美德　李風杉

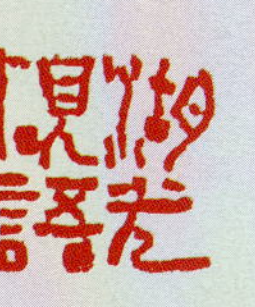

濃妝淡抹　仿明山水

翻閱三千多年前的《詩經》，衹覺青山綠水盡入詩中。《蒹葭》有吟：『蒹葭蒼蒼，白露為霜。所謂伊人，在水一方。溯洄從之，道阻且長；溯游從之，宛在水中央。』那位清麗的秋水伊人，到底要轉過幾重彎曲的山路，涉過幾道流水，才能覓其踪影，覩其容顏。古人借山水草木，寄托情感，將相思幻化于無形。雖縹緲恍惚，却空靈曼妙，耐人尋味。硯雕師冉洪虎，莫不是也要仿效開創山水詩派的謝靈運，其《仿明朝山水硯》，肆意遨游出了另一種山水寄情。

這方《仿明朝山水硯》，大幅用綠膘雕以遠處的崇山、樹林，蜿蜒的小路，以及近處的房舍，小橋與橋上兩位正在過河的人物；右下角用苴却石原色精雕蒼松，其遠近之關系與色彩層次形成了強烈對比。令人嘆服的是遠處崇山峻嶺間的團團蕉葉白魚腦凍，竟酷似繚繞的仙氣光影，讀之意趣悠遠。

這方山水流動着空靈、畫中有詩的苴却硯，其清遠的意境不減陶潛，不輸摩詰。游歷于這方硯之山水聖境，我真的仿如走進大明之山水世界——水光瀲灩，山色空濛，濃妝淡抹，意長情深。

硯名　冰肌玉骨
石品　苴卻石
制硯　曹加勇
規格　64cm×64cm×2.8cm

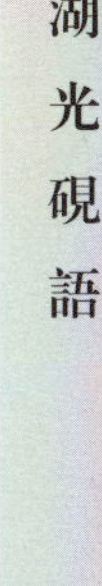

喚春聲聲　王軍英

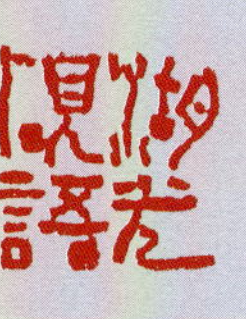

返樸歸真　山村偶拾

在這個物欲紛擾的紅塵裏，似乎許多人都想放下一切世俗的負累，做一個簡單清淡的人，向往一種返樸歸真的生活，和青山綠水為伴，和明月清風為鄰。偶過故人莊，探訪遥遠的山村，尋找人間最後的一方淨土，我之心真的有了一座桃源。

初讀硯雕師之《過故人莊》硯，頓覺眼前浮現出一幅樸素生動的畫，那畫面依稀十分熟悉，却又好遥遠。這幅畫，讓我想起遥遠的童年，那段衹有在山村，才能擁有的質樸光陰。此方硯，硯雕師運用古詩『故人具鷄黍，邀我至田家。綠樹村邊合，青山廓外斜』起意，俏色得體，意境濃厚，感人彌深。

我收藏這方硯，是因着自己珍惜山村生活的這段珍貴記憶，是回眸山村那段安適祥和、猶在夢中的童年生活的情境。一方硯何以能如此動人心魄，那是因着藝術家的精巧呈現能慰藉讀者的心靈。此方硯，可謂硯雕師之神來之筆，它讓世人在素樸的歲月裏，切莫要忘懷山村的那一段軼事……

硯名　仿明朝山水硯
石品　苴卻石
雕刻　冉洪虎
規格　26cm×44cm×4.6cm

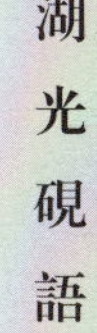

花舞曲　王軍英

生生之證　明月當頭

說起中國詩之意象，如果衹選取一個最典型的，我們定然會想起頭頂那一輪明月。唐代詩人張若虛在《春江花月夜》中的追問，相比人生的短暫，江與月都是長久的、不變的，流光在生命裏悄然逝去，惟有我們的心在明月照耀下，不停地在探詢——有迷茫，有歡喜，有憂傷，一切都被明月照亮。意象在硯雕師劉曉軍的刀筆之下，卻奇妙地幻化為『明月松間照』的詩境，它讓我們讀者在審美裏心靈為之陶醉。

藝術家劉曉軍之一方苴却硯《明月松間照》，讓我讀出了一種人生的寓意與哲理：人向太陽學會了進取，在這個世界上可以奮發，可以超越；人向明月學會了沉靜，可以以一種淡泊的心境看待世間是非、坎坷，達到自己生命的一種真正的逍遙。是的，月有陰晴圓缺，折射于世間萬物與人生百態上，一如老子所言：『物或損之而益，或益之而損』。有的東西殘缺了，實際上它獲得了另一種圓滿——月彎時是『損』，但此時之『損』却已蓄滿了生命；有的東西圓滿了，實際上却逐漸走向殘缺——月圓時為『益』，但此時無力再圓，會慢慢消瘦。

真的，硯雕師劉曉軍之刀筆下的《明月松間照》，硯上一輪明月清澈如洗，一棵古松蒼勁蔥鬱，充滿醉意的老者由遠而近，那意境真的令讀者充滿遐思。

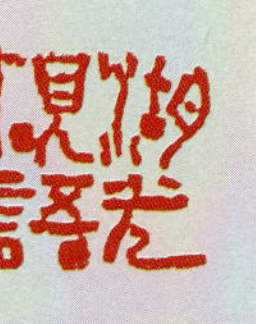

硯名　過故人莊
石品　苴卻石
規格　31cm×18.5cm×3.5cm

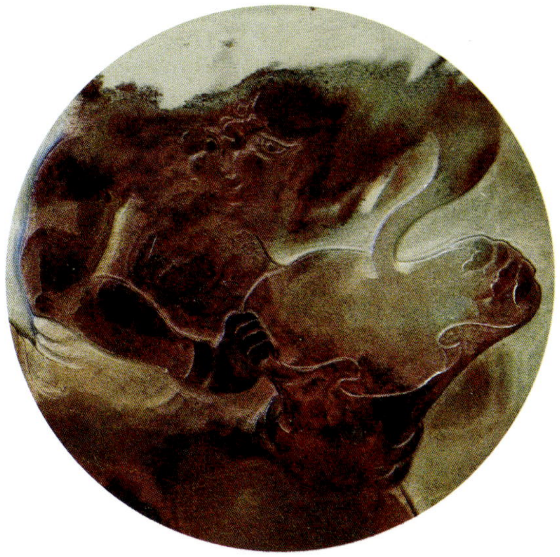

《雷電風鳴》局部

雷電風鳴　柔情激越

唐代以來，我國山水畫家以水墨為正宗，水墨之法，是通過水和墨的暈染，來表達特有的質感。用杜甫的一句題畫詩來說，就是『元氣淋灕障猶濕』，以宋代畫論家董廣川的話來講，就是『石破天驚，元氣淋灕』。我讀硯雕師張龍之《雷鳴電閃》硯，同樣讀出了硯與中國水墨畫如出一轍的一種元氣淋灕的境界，一種氣化氤氳的生命呈現。

這方硯，采用了極為罕見的胭脂凍石品，硯雕藝術家利用其獨特的石品以寫意的方式為之，他利用苴却石上古色凝重的火捺，以及如行雲流水的綠膘石層綫紋着力表現出大自然電閃雷鳴的情境與神話人物之情狀。作品豐富靈動，酷似蒙太奇的藝術手段，充分調動了讀者的藝術想象，從而臻至化境，讓讀者受益良多。

讀這方硯，更令我深受啟迪的是：它似琴音入耳，讓人深諳硯之『清、和、淡、雅、渾、厚、拙、樸』的藝術品格，亦讓人的心境有了一種『清越如玉泉傾瀉，明淨如長天秋水，激烈如萬馬奔騰』的藝術品位。

硯名　明月松間照
石品　苴卻硯
雕刻　劉曉軍
規格　28cm×12cm×4cm

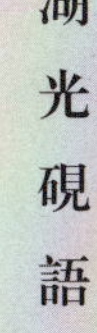

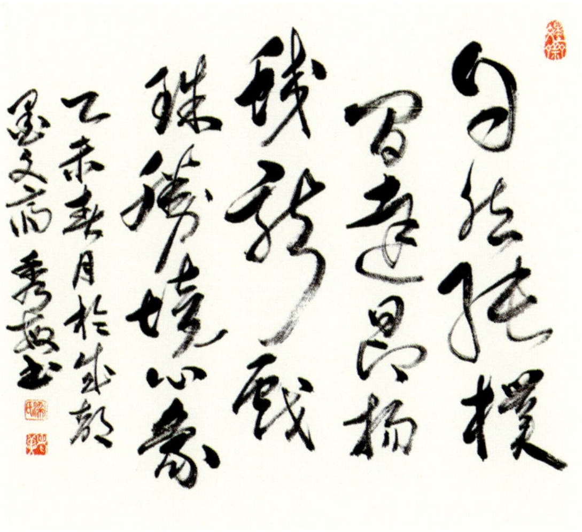

書法　梁秀敏

蛟龍戲珠　勝境心象

中國的文人或畫家以自己為自然的代言人，他們相信自己內心的體驗，相信自己已經窺知了宇宙的精蘊，相信自己筆下不假思索流露出來的韵律與形式，已是自然最真實最深刻的韵律與形式，于是就把這種主觀感受表達出來并形成詩文或圖像——這就是『心象』。硯雕師的心象化作為這方《蛟龍戲珠》苴却硯，它堪稱為一件表達藝術家心靈的藝術品。

此方硯樣式為傳統龍硯，有着自然、純樸、簡達、厚重、靈動的藝術特質。它在藝術上的不凡之處在于蛟龍為正面構圖的龍身。衆所周知，正面雕刻龍身最為考究硯雕之鐫刻藝術功夫，稍欠火候，便會露怯。可我們的硯雕師却迎難而上，以自己扎實的硯雕藝術功底投入創作，其刀筆之下的蛟龍氣勢凶猛，威風凛凛，正對着一顆碩大石眼。那碧綠高潔的苴却石眼高懸硯堂上方，一幅活靈活現地『蛟龍戲珠』勝境，惟妙惟肖地令人動心動情。

以形寫神，形神和暢；蛟龍戲珠，勝境心象。

硯名　雷電風鳴
石品　苴卻石
雕刻　張　龍
規格　30cm×23cm×4.5cm
收藏　硯　湖

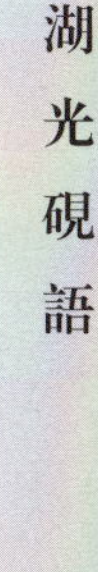

高士雅趣　李風杉

滄桑易老　年輪不滅

千年的明月，千年的清風，千年的獨酌，還是對影成三人麼？李白走了，他的《將進酒》，一杯絕句一杯平仄，也走了。可沒有走的，却是這不老的年輪……深含寓意、潛藏深蘊的《年輪》硯，就這樣誕生于硯雕師張健之手中，它讓我們寂寂然把酒獨酌，細細品味。

一方自然原石，硯雕師僅開一硯池，讓那硯池中酷似千年老樹年輪的一圈圈玉帶綠膘翩然凸現，令人浮想聯翩……我們說，一個優秀的藝術家，要融人生百態、鏡花水月于境中，硯雕師張健的《年輪》硯之創作，就秉承了人生的寄寓，其作令人深思深悟。

衆所周知，詩善醉，藝術需要這醉意。我們為『常』所包圍，『常』意味着心靈被理智、欲望、習慣所包裹，這樣的心靈『下筆如有繩』，處處有束縛；而『醉』是從凡俗中騰挪而出，是令人『人人自遠』的心靈解放，這樣的『醉』才會『下筆如有神』。此方硯，讓我們獲得了深深的藝術啟迪。

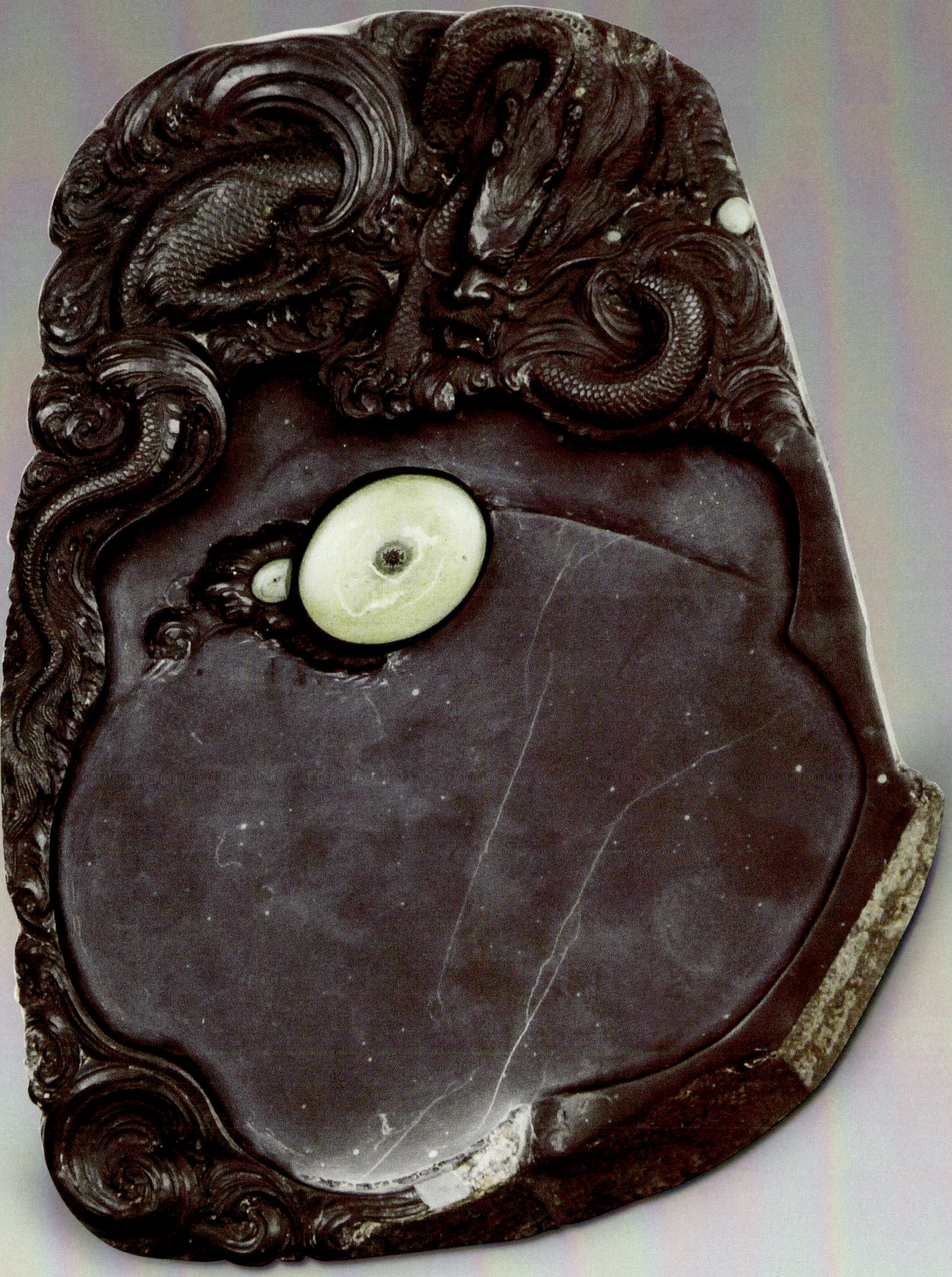
硯名　蛟龍戲珠
石品　苴卻石
規格　20cm×26cm×4cm

柏林月色　李風杉

絢爛恣肆　刀筆求似

薛濤之詩，也許不太大氣厚重，却清新婉約，生動凝練。她一生經歷過多少起落，其骨子裏流淌着柔性與傷感，見花垂泪，望月悲懷，每每讀她之詩，我每每與她交換着一種無言的感悟。

硯雕藝術家張曉駿深諳唐代女詩人薛濤的人生與情懷，故其《薛濤》硯張揚着一種人石合一的藝術境界。其硯石真的看似不起眼，可在硯雕師的刀筆下，却深深融匯了作者標新立异的巧妙構思，他以大寫意的表現手法，除在硯堂惟妙惟肖地處理了女詩人薛濤的形象，并在硯背面雕刻了她的詩句，既呈現出了薛濤之多姿多彩的風神，又展露出了藝術家渾厚的硯文化底蘊。

這是一件不可多得的苴却硯的藝術佳作，更是一件有着廣大無邊的生命精神的苴却硯藝術珍品。

硯名　年輪
石品　苴卻石
制硯　張　健
規格　21.5cm×26cm×6cm

硯名　薛　濤
石品　苴卻石
創意　張　健
設計　張　健
雕刻　張曉駿
規格　34cm×6cm×3.8cm
收藏　硯　湖

詩善言志　梅花寄意

文人愛梅，已成風俗。有『梅妻鶴子』之稱的林逋，其隱士風姿，和遺世獨立的梅花，有着异曲同工之美。一句『疏影橫斜水清淺，暗香浮動月黃昏』，已成為了咏梅絕唱。群芳譜裏，百花之魁的梅花，有了更為迷人的清韵和氣節。小園之中，獨梅凌雪綻放，疏影橫斜，古雅蒼勁，綽約風姿，暗香縈懷。硯雕藝術家張慶明許也愛梅、惜梅、賞梅，他的執着綻放出了一方《詩言志》硯，綻放出了傳情寄意、逸趣橫生的一件硯雕藝術品。

此方硯造型極為傳統，也極為小巧精致，硯側則工整地雕刻出了王安石之《梅花》詩：『牆角數枝梅，凌寒獨自開。遙知不是雪，為有暗香來。』梅之暗香拂來，濃而不艷，冷而不淡，清而不散，經寒雪釀造，香味飄忽，沁心入骨，耐人尋味。梅之精神、風姿在硯雕師的藝術寓意中清麗脫俗，有了風神秀骨和藝術生命。

一方極其素樸且傳統的硯，為什麼會如是啟人遐想，我們不得不為硯雕藝術家的藝術匠心所脈脈引領，所深深折服。

《詩言志》硯背

湖光硯語

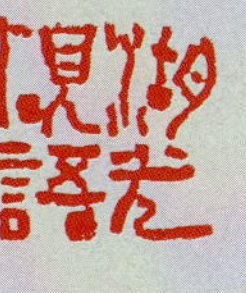

春江又綠波　楊昌林

可感可思　龍鳳呈祥

一件藝術作品的重要特徵，應是『性靈者也，思想者也，活動者也』，即它『可感』、『可思』，且能打動人的智慧。我珍藏之《龍鳳呈祥》硯，就是這樣一方既『可感』人的生命律動，又能上升為人之『心意』的『可思』的生命體悟的珍品。

在中國民間風俗中，龍、鳳是傳說中的瑞獸，它們象徵着高貴、喜慶、祥瑞。此件作品盤龍昂首，呈徐徐上升之勢，鳳翔祇露頭頸，作翻飛之狀，作品手法簡潔，言簡意賅，藝術簡淨却又蘊涵豐厚。特別難得一見的是硯上石眼碧綠清純，大自然的神奇使人嘆服。

硯雕藝術家辛金磊在藝術探求的栖居中，可謂是一位生命的覺醒者，其作品要做生命『可感』、『可思』的思考。讀之，賞析者通過他刀筆的表達，真的能深深地感受到他關于生命真境的藝術追求，感受到他藝術開掘的生命境界。

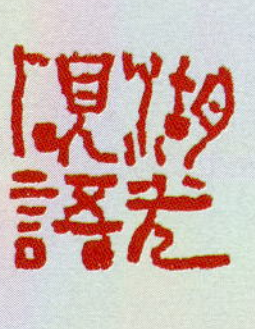

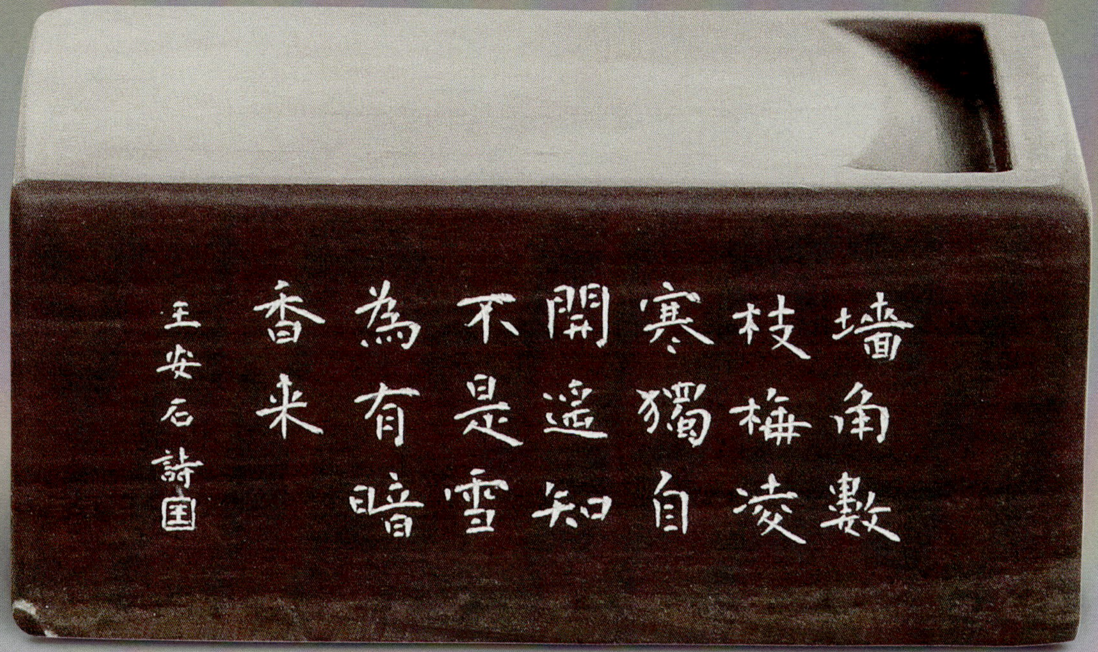

硯名　詩言志
石品　端石
雕刻　張慶明
規格　6.5cm×9cm×3.8cm
收藏　硯湖

書法　李國生

痛快凌厲　十八羅漢

佛學三境界的故事，早已膾炙人口。講的是如何在山水之中參悟佛道。第一階段，覺得看山就是山，看水就是水，沒什麼不同；然後再去研讀佛經，參悟佛理，就覺得看山不是山，看水不是水。這已是很高的境界，但仍有比此更高的境界。一但參透禪理，看山衹是山，看水衹是水，山水依舊，但人的心境已然超越山水。看得出，硯雕師之苴却硯《十八羅漢》便是一方講究『定』、講究『慧』的藝術珍品。

該作品取材于中國傳統文化，而又能從其中見出藝術家獨特的創意，他巧妙地借用硯石綠膘，設置背景，并將神態各异的羅漢像置于各自的背景中，渾然一體。它，十分巧妙地保留了石眼，更為作品增輝添彩。

『一點浩然氣，千里快哉風。』從這方硯雕藝術創作中，我們深諳硯雕師內心涵養之天地浩然氣。若否，這方硯焉有這等痛快凌厲的風格。

硯名　龍鳳呈祥
石品　苴卻石
雕刻　辛金磊
規格　20cm×20cm×10cm
收藏　硯湖

樹密水含烟　耿繼斌

蘇武牧羊　形意共振

『蘇武牧羊』的故事，可謂家喻戶曉。然在一百個藝術家的心頭，却有着一百個蘇武的形象，一百種對蘇武的認知。在硯雕師的藝術解讀中，蘇武一顆愛國清正之心，在那個帶着悲劇色彩的朝代，有着幾份淒愴。其《牧羊圖》硯，可謂一件有着自己深心的獨特理解和藝術追求的藝術佳作。

此方硯，在硯雕師的刀筆下呈現的是這樣一幅情境：冰天雪地，曠野連綿，雲遮霧掩，躊躇滿志的蘇武牧羊于這天寒地冰之荒野，眺望遠方，情態栩栩如生。看得出，藝術家之苴却石雕，着實有着自己不同凡響的藝術理解，時隱時現的雲霧、雪天冰地他以浮雲凍俏雕，其綠膘也在硯之情境中有了畫龍點睛之妙。

我們説，藝術追求一種『獨與天地精神相往來』、『上與造物者游』的境界。『天地與我并生，萬物與我為一』那種『宇宙即是吾心，吾心即是宇宙』的與大自然生命相諧和的『法』，在硯雕師此方《牧羊圖》硯中，有了共振的旋律。它，無疑是硯中精品！

硯名　十八羅漢硯
石品　苴卻石
規格　81cm×46cm×4cm

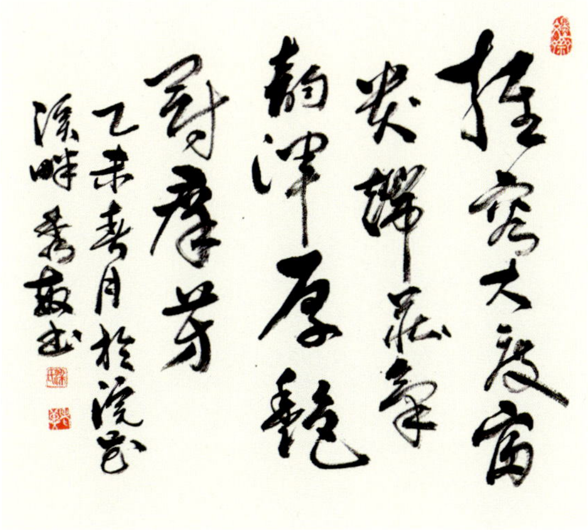

書法　梁秀敏

紅塵易老　花開富貴

下了一夜的雨，晨起時庭院裏的花木清澈如洗，仿若重生。我愛幽香的茉莉，能從其秀麗姿容間聽出幾許優雅；我愛幾瓣素心，亭亭玉立，氣質飄逸；我愛夏月荷花，晚含曉放，香韵尤絕；我更愛那長于盛世、艷冠群芳的牡丹，它令人吟唱，令人榮光。

硯雕藝術家冉洪虎的《花開富貴》硯，以牡丹來展現一種雍容大度、氣韵渾厚、富貴端莊的品質，并以藝術的呈現摇曳出多姿多彩的氣韵，它不愧為硯中之珍品。

我欣佩硯雕師的藝術匠心，他依據石品之眼帶膘，在這上乘之石品中雕刻出翩翩起舞的彩蝶，更展示了這方硯的精巧構思與精湛技藝。一方硯，一座硯雕師精神的墓志銘。

硯名　牧羊圖
石品　苴卻石
規格　47.5cm×23cm×4cm

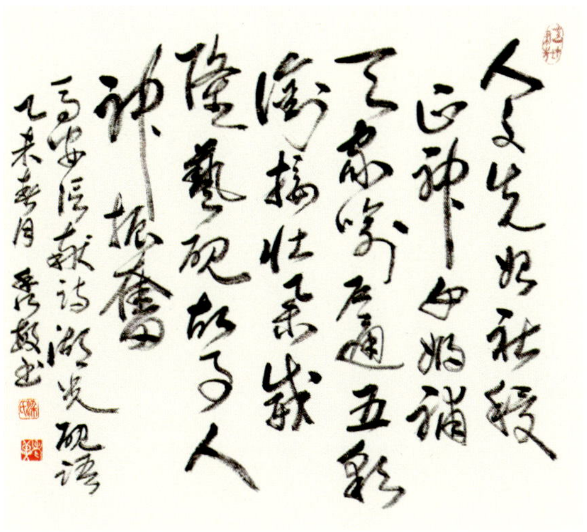

書法　梁秀敏

女媧補天　形神畢現

女媧補天，中國上古的神話傳說之一。女媧氏，開世造物，她是大地之母。女媧補天的故事家喻戶曉，女媧時代隨着人類的繁衍增多，社會動蕩，水神共工和火神祝融大戰于不周山，共工因大敗而怒撞不周山，由此銜接出了女媧以五彩石補天的一系列轟轟烈烈的動人故事。硯雕藝術家張龍之《女媧補天》硯，藝術地再現了這家喻戶曉的神話傳說。

此硯石品為苴却石中的瓷石，石品花紋極其豐富，藕粉凍、火捺、玉帶綠膘交相融合，五彩斑斕。石品的俏色亦真亦幻，仿佛在那天地混沌間，女媧冒着呼嘯而落的巨石，舉石補天……硯雕師巧妙運用硯石中的藕粉彩凍、綠膘、紫石、銀綫等，并進行巧奪天工的藝術構思，在硯之左側飾以太陽鳥，整件作品靈動活潑，生氣具足。

女媧，作為華夏民族之人文先祖，此方硯

硯名　花開富貴
石品　苴卻石
雕刻　冉洪虎
規格　60cm×22cm×5cm

硯名　女媧補天
石品　苴卻石
雕刻　張　龍
規格　23cm×18cm×8cm

真性惟空　味象寫情

谷地青青，芳香降臨。坐進鄉野裏傾聽大自然的花草碧波，恍若在鳥語花香裏找尋到了一支失落許久的琴曲。我讀硯雕師冉洪虎之《牧曲》硯，似在雨後青山，讀出了清新自然，含花草性情，蘊蟲鳥靈思。

此方硯選自苴却石，其為極品黃膘，硯中竟有一帶搖曳的水草紋蜿蜒而過，神奇的是硯石的左上部有一塊石皮，外部輪廓酷似一衹牧羊犬……硯雕藝術家由表及裏，以自己富于生命的藝術刀筆為牧羊犬點綴了眼睛，那衹活靈活現的牧羊犬便躍然硯上；更為巧妙的是，藝術家在硯的下半部匠心獨運地精雕出幾衹正在吃草的羊兒，并將硯池開為正欲落山的夕陽，美侖美奐。

整方硯在讀者的眼中視野遼闊，大氣磅礴，再配以黃膘之獨特的色彩，一幅草原牧歌圖便浮現在人們面前。這是　方頗具詩情且別有韵味的硯臺，亦為藝術家之精品力作。

《牧曲》局部

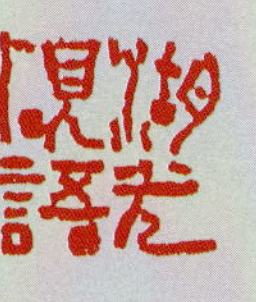

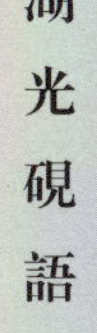

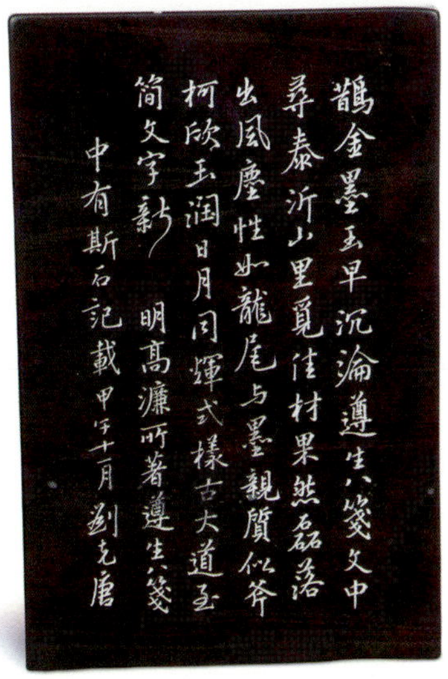
鵲金墨玉早沉淪遵生八箋文中
尋泰沂山里覓佳材果然磊落
出風塵性如龍尾与墨親質似斧
柯欣玉潤日月同輝式樣古大道至
简文字新　明高濂所著遵生八箋
中有斯石記載　甲子十一月　劉克唐
《日月同輝》硯背

實相真機　日月同輝

我讀八大，讀出了他一首《無題》詩：『樹深雲來鳥不知，知來緣想景當時，小臣善謔宿何處，莊子圖南近在茲。』雲來鳥不知，水來樹不知，風來石不知，莊子所描繪的那個『咸取自己』的世界就在這裏。這是因為，八大山人的藝術創造充滿一種童趣和幽默，充滿一種『天心』。硯雕藝術大師劉克唐先生在其硯雕藝術踐行中，亦有着這種一如禪宗所説的『無念』的『天心』。他的硯創作強調生命的尊嚴，有着神秀的境界。

是的，生命有生命的尊嚴，猶如一朵小花也有存在的因緣，也是一個充滿圓融的世界。外在一切困危皆可超越，而生命之尊嚴不可沉淪。《日月同輝》硯是硯雕大師劉克唐先生之作，它為長方型制式，兩面皆成硯。硯面硯池取新月型，硯堂則取正圓形，寓意日月同輝，硯之另一面，是其讀石意會的銘文，凝練簡捷。

從這方硯中我們深深悟出：克唐先生是一位硯壇高手，他一生痴迷于石，痴迷于硯，痴迷于硯藝術的踐行與研究，《日月同輝》在硯壇迥然獨標，其精神境界『獨與天地精神相往來』，其藝術境界『獨與世界做心靈對話』。可以毫不溢美地講，大師之硯『處處實相，處處真機』，無處沒有着新穎蔥翠的生命。

硯名　牧曲
石品　苴卻石
雕刻　由洪虎
規格　27cm×19cm×3cm
收藏　硯湖

硯名　日月同輝
石品　紫金石
制硯　劉克唐
規格　13cm×20cm×3.8cm
收藏　硯湖

江上泛舟　耿繼斌

因材施藝　瑞雪報春

無論是『惆悵後庭風味薄，自鋤明月種梅花』的歸隱田園之淡泊，還是『明月愁心兩相似，一枝素影待人來』的相思的況味，文人墨客等藝術家心中的『梅』總是凌雪綻放，古雅蒼勁，冰骨無塵，暗香縈懷。

我痴愛梅，咏唱梅，亦向往着有『凌波傲雪，高潔之士』的梅君子。故，我多年前收藏了一方自己心儀已久的《早梅》苴却硯。這方硯的創作凝結着硯雕師張龍的超人智慧，他因材施藝，以硯石中極品黃膘雕刻出迎春怒放的梅花，并俏雕出兩祇喜鵲迎雪報春，情境美侖美奐。

一剪梅花　掬雪，一方硯臺一春景；一曲雲水一景象，一紙感悟一寸心。

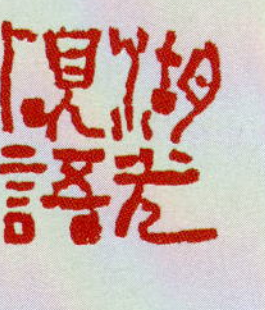

魚之趣　李國生

流連小景　咫尺千里

我生命的『根』扎在無人知曉的野山，一任歲月老去！惟有山鄉的野蘑菇挂滿山鄉的胸脯，每每憶起童年的生活，每每心中的吟唱撒落在采蘑菇的小徑上。硯雕藝術家曹加勇先生仿佛也有着似我般的童年，他之《山珍》硯，以藝術的美酒令我悄然沉醉。

該硯石石質細膩、溫潤、潔淨、致密。硯雕師利用石質特點精心設計制作，正面硯堂是一個大蘑菇的頂蓋，光鮮滋潤，仿佛剛被采下，仍帶着山野林間的水氣；大蘑菇旁邊或正或反地堆滿了小蘑菇，那血質紋理清晰可見，形象逼真生動。看得出，硯雕師的藝術創造大有大的用處，小有小的妙處，有着一種活潑和清新的韵致。

中國藝術強調一種『不盈咫尺，而萬里可用』的精神，硯雕大師的這方《山珍》硯，流連小景，以小見大，咫尺千里，有着一個自在圓足的大境界！

硯名　早　梅
石品　苴卻石
雕刻　張　龍
規格　45cm×20cm×3.5cm

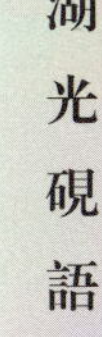

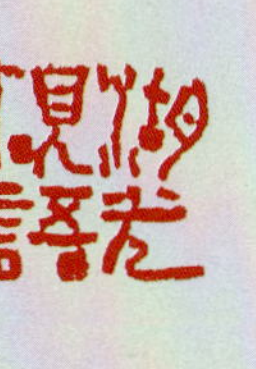

我近青山續篇　孟夏

飄緲幻化　蓬萊仙境

明代董其昌有論：『畫山水惟寫意水墨最妙。何也？形質畢肖，則無氣韵；彩色异具，則無筆法。』寫意的繪畫內涵，注重文以載道，遺形寫神。硯雕師之《蓬萊仙境》硯，酷似一幀扇面畫；讀之，令人仿佛賞析一幅虛實相融、亦真亦幻的大寫意中國畫。

『東方雲海空復空，群仙出沒空明中。蕩搖浮世生萬象，豈有貝闕藏珠宮。』蘇軾《登州海市并序》如是云。此詩描寫了今山東蓬萊栖霞一帶蓬萊仙境的夢幻景象。硯雕師借詩意詩境以此石精心雕刻了這方《蓬萊仙境》硯。他利用此硯石紫紅相間、紅中帶藍、紋飾詭譎多變的天然特點，充分調動了自己藝術的智慧，虛虛實實，活靈活現地將神秘飄緲的蓬萊仙境呈現出來，并讓貝闕珠宮隱現其間，好一幅神幻莫測的藝術圖景與聖境。

唐高蟾有詩云：『世間無限丹青手，一片傷心畫不成。』而我們的硯雕藝術家刀筆之下的這方《蓬萊仙境》硯，却『蓬萊仙境幻中真，形散神聚寫意成』。

硯名　山珍
石品　苴卻石
雕刻　曹加勇
規格　36cm×28cm×17cm

《蓬萊》局部

蓬萊仙境　生命香味

寧靜是蓬萊仙境麼？多少歲月在此疊更，多少美夢在此停泊，多少滄桑在此修得空靈的心境……

聆聽蓬萊仙境的心語，我從絕美的石品裏摘取了幻化的珍珠：純綠膘中夾雜着一層罕見的胭脂凍，胭脂紅為底色硯堂中的綠膘又恰如大海之上翻滾的濤浪、水霧，一葉扁舟蕩漾在奔赴仙境的激流裏。硯雕師方立清之刀筆精雕細刻，細致入微，蓬萊仙境在逼真裏朦朧，在朦朧裏又逼真空靈。

這是一方不可多得且極具收藏與欣賞價值的佳品，它衆芳搖落獨喧妍，占盡風情暗香醇。讀它我之生命清淨悠遠的境界，會隨着硯雕師之屢屢不絕的馨香起伏、盤旋。說到底，一方優秀的硯之珍品的誕生，其實是硯雕師與賞析者從藝術中發現自己的生命香味的結果。

硯名　蓬萊仙境
石品　苴卻石
規格　24cm×16cm×1.8cm
收藏　硯湖

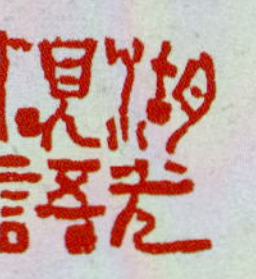

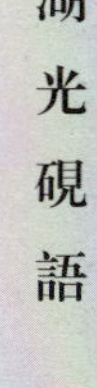

硯名 蓬萊
石品 苴卻石
雕刻 方立清
規格 23cm×13.5cm×3.5cm
收藏 硯湖

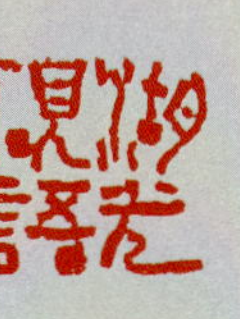

濃蔭消夏圖 孟夏

嶺南春色 硯得神韻

晚風驚綠，細雨敲窗。夜色中的嶺南春色一片烟水迷離，鴻雁歸巢，漁舟倚岸。每每夜讀莊子，短短幾字，如春水盈盈，讓心釋然。『天地有大美而不言，四時有明法而不議，萬物有成理而不說。聖人者，原天地之美而達萬物之理。』這浩瀚紅塵，怎能安放硯雕師之一顆潔淨的心，惟有廣闊天地，方可收留自己一片深情。這方《嶺南春色》硯，是硯雕師陳金明引領我們穿越嶺南山水，與大自然共話情長。

這方硯透射出了一個藝術家的智慧和他對社會、對山水和對人生的真知灼見，讀者透過畫面能窺視到當今社會一角之嶺南春色，并從中得到思想的洗禮與精神的升華。這方硯造型十分簡潔大方，上端硯堂大片留白，僅在硯之下半部將自己的藝術創造精雕為蒼松，在崇山巍峨處以蜿蜒而至的溪流布景造境。看得出，硯雕師將天然石品與自己的雕刻技藝融為一體，從而使嶺南春色意趣悠遠，神韻脫俗，成了讀者流連忘返的那山、那水……

嶺南春色，脈脈不得語；硯雕藝術，嶺南得神韻。

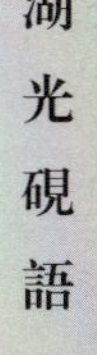

溪霧祥雲　楊昌林

情景融合　古色古香

揣摸硯雕師之幽獨心靈，體味硯雕師之至美至情清雅藝術，我是在深悟中國傳統文化之精髓。這件硯雕藝術作品，是我收藏的另一方《淌池硯》（有蓋）。每每端詳着它，心頭每每溢滿喜愛之情，我雖曾經千思萬寵過諸多人事，但終會道別，而與硯藝術結緣，執手相待，總會如清風明月、白雲溪水般長長久久，潺湲流淌。

此方硯，是傳統樣式的歙硯，硯形長方，寬眉紋，硯堂造型既古樸又簡潔，硯蓋以綠端石鑲嵌，精雕明清風格之山水圖。硯上雕刻之山水圖形神畢肖，縝密細致，刀筆兼工帶寫，畫境雅淡。它從一個側面充分地展示了硯雕師對人生對生命的深切感悟，對藝術對意境的一種獨特認知。我讀該方硯，看似心靜如水，其實心海波飛浪卷。

此方硯氣象渾淪，何也？正是因着硯雕師的藝術創造『一氣渾莽』，一氣貫通，渾然不可分割的品格。它情景融合，古色古香，無疑會收攝衆心，讓讀者置身于一個『一氣流蕩』的藝術世界。

硯名　嶺南春色
石品　端硯
雕刻　陳金明
規格　21cm×17cm×3cm
收藏　硯湖

香格裏拉神山　李　兵

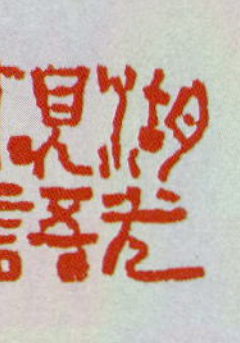

心隨景動　應物會心

淡淡的遠山，月夜疏影橫斜出那首相關的唐詩，婉約成一幅清清麗麗的丹青。『明月別枝驚鵲，清風半夜鳴蟬』，月光融融，渾圓而嫵媚，月色中那被夜風撩起的群鳥在遠天漸遠，硯雕師冉洪虎之《西江月》硯，仿若倏然而至的清香，依然浮動在月夜的眉黛。

許是硯雕師心有千千結，他依舊固執于自己鄉情的情境裏，抵達生命主題的刀筆以硯石薄膘刻畫出了山村景象，那保留原石皮的滄桑感，使其藝術創作的畫面既原始又自然。我們讀其硯，仿佛從硯雕師刀筆無言的訴説中，沿着他藝術生命的履痕，飄落成一簾柔情似水的新夢……

月夜、山色、樹影、房屋等，在硯雕藝術家的手中，分明就是一面微服讀者的旗幟，引領讀者走向別有洞天的另一片新域。

硯名：淌池硯（有蓋）
石品　歙硯
出品　新安歙硯藝術博物館
規格　14.5cm×23cm×3.5cm
收藏　硯湖

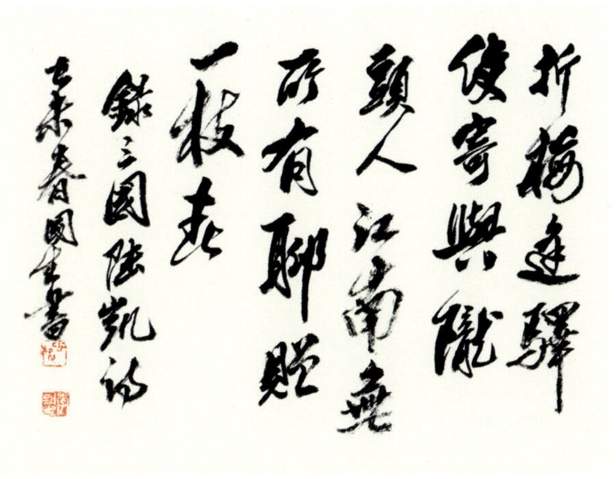

書法　李國生

素影清風　空靈純淨

古人的梅，有一種天然隨興的淳樸與雅逸。千百樹梅花，在風雪裏競相綻放，煢煢傲立，不染鉛華。今人的梅，則多了一份金風玉露的修飾與刪改。這種看似刻意，實則無心的安排，祇是為了身處繁囂的衆生，有一個可以和心靈對話的知己。這是一方融古今梅雪知己的《仕女圖》苴却石硯，我珍藏它，是在珍藏一份相逢祇在朝夕的心境。

硯雕藝術家張洪海巧借硯石之綠膘，將它栩栩如生地雕刻為古代少女，裙尾暈開的韵味，讓整個畫面嫵媚動人。而空中飄落的大大小小的綠眼，又恰似飛雪逢春，臘梅吐艷，讀之令人玉潔冰清，嫻靜冷艷。

我喜愛這方硯，喜愛這仕女圖的情境，喜愛硯雕師為我們保真的一份緣分。

硯名　西江月
石品　苴卻石
雕刻　冉洪虎
規格　29cm×20cm×3.5cm

阿米子　李風杉

純任自然　松溪幽居

淡淡的遠山疏影橫斜于那首相關的唐詩，婉約成一幅濃墨淡掃的松溪幽居圖。倏然而至的山鄉祥和的清香，依然浮動于那個蒼松蔥鬱、溪流潺湲的黃昏的眉黛。

鄉情依依，硯雕師冉洪虎的心仿佛早就沉浸于山村的情境裏，重溫故鄉的馨香，他的刀筆已抵達生命的主題。其刀筆簡達地坦露出自己純淨的心靈。該硯石品純淨質潤，嬌嫩細膩，上有綠膘，樹化紋石皮；硯雕師巧妙利用石皮與綠膘進行創作，刀筆稍微雕刻了蒼松樹杆，整個樹冠用刀極少，石皮逼真地幻化為蒼松之枝葉，鬱鬱葱葱……

山川之氣本靜，刀筆躁動而靜氣不生；松溪之姿本幽，刀筆粗疏則幽姿頓減。硯雕師這方硯處處靜氣，無斧鑿痕，貴乎其純任自然矣。

硯名　仕女圖
石品　苴卻石
雕刻　張洪海
規格　72cm×44cm×4.5cm

硯名　松溪幽居圖
石品　苴卻石
雕刻　冉洪虎
規格　50cm×28cm×6cm
收藏　硯　湖

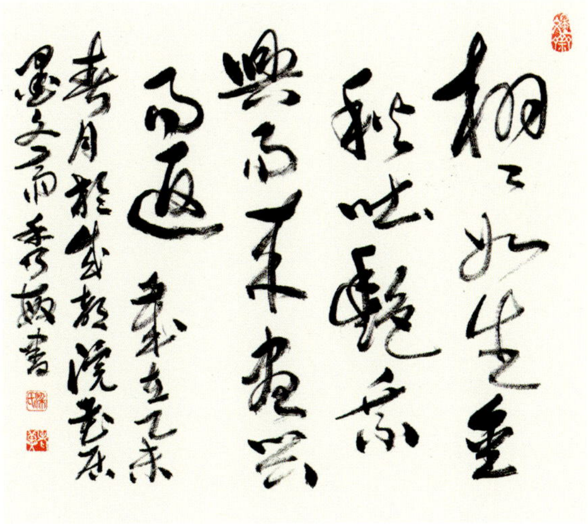

書法　梁秀敏

金秋吐艷　碩果累累

站在季節的崖邊，金秋如潮水般涌來。百花遠去的春歌，掬一捧成熟的清波，就能醉倒遥想的藝術家。硯雕師的《碩果圖》硯，那果實熟透的故事，栩栩如生，不會遠去，就高懸于這方硯盤上。

一剪山景，一剪鄉情，一方凝結着藝術家匠心獨運的創作，它酷似一架錚錚的古箏，在秋風的手指下，將鄉情輕輕地彈奏，彈奏出五谷豐登，彈奏出花香果熟，彈奏出詩情畫意……

這方硯金綠帶眼，眼大小各异，各臻其美，錯落有致，呈現的是硯雕師心中金秋的景象，一種獨特的『生命宇宙』。它，不是『表現之物象』，而是從永恒的角度出發，從一般的東西中導出特殊。真的，藝術家之創作，强調的是發自根性的生命創造力，是一種『乘興而來，興盡而返』的精神述達，一種令天地為之寂寞的真實的生命感動。

硯名　碩果圖
石品　苴卻石
規格　31cm×12.5cm×3.5cm

喜鵲報春　立處即真

有一千種風為生命而吹，有一千顆星降臨夜空，中國的藝術家骨頭上站着睿智聰穎的追求——藝術創造。硯雕師張曉駿之《報春圖》硯，就誕生于藝術家之刀筆下，它巧借硯石的鬼斧神工，兼及藝術的精湛提煉，從而使硯有了「神」，有了「魂」。

這是一方黄膘夾雜着火捺的石品，它自然和諧，妙造聖境，硯雕師以簡凈的藝術刀筆入「法」，精雕兩衹喜鵲，自然靈動，寓含深刻。它與物象對話，與詩性對話，與造境對話，其謀篇布局是對藝術物象的一種超越，亦是對其藝術生命畛域的一種超越。

説到此，我即想起「平常心是道」、「即心是佛」和「立處即真」的洪州禪「涉事而真」的思想。我以為馬祖「立處即真」襯是「平常心即道」的延伸，它在硯雕師《報春圖》硯報春的藝術創造中，有着一種「自在圓足」的意味，它亦無疑真正塑造了這方硯品的藝術價值，使其藝術價值有了真正的生命意義。

新月今宵重照人　孟夏

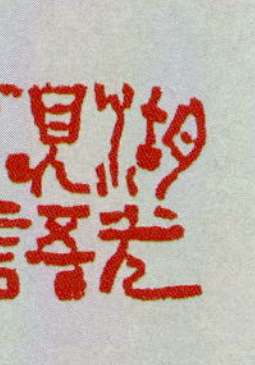

湖光硯語

《長風破浪》局部

長風破浪　真境凸現

大海洶涌，總會握住一些遥遠的祝福。每每站在海邊，聆聽海濤，我每每會從海之匆匆的履痕中聆聽出一種生命的音響。

平心而論，中國文化對我們生活結構的滲透遠比西方要深得多，而不是像西方人那樣，似乎普遍認為對物象感興趣，却是無所謂的東西。而中國的藝術家有着一雙對藝術勇于研讀的眸子，它應收割什麽，又該播種什麽？硯雕師張碩之《長風破浪》硯，它的誕生又是在研讀些什麽？這方并不多見的扁面硯綠膘自然肌理酷似大海波濤，浩瀚無垠，一片凸起的紫黑色硯石宛若扁舟；奇妙的是小船尾部竟有像鼓滿風帆的船帆與映在水中的帆影。此情此景，激發了硯雕師的創作靈感，他刀筆縱横，恣意之間漸入佳境，雕刻出一悠然高士端坐船中，把酒暢飲，睥睨天地，浴風破浪向天涯的境象。好一幅『向風赴天涯，雲帆濟滄海』之意境。

長風破浪，展現幽深之境；真境凸現，令人悠然神往。

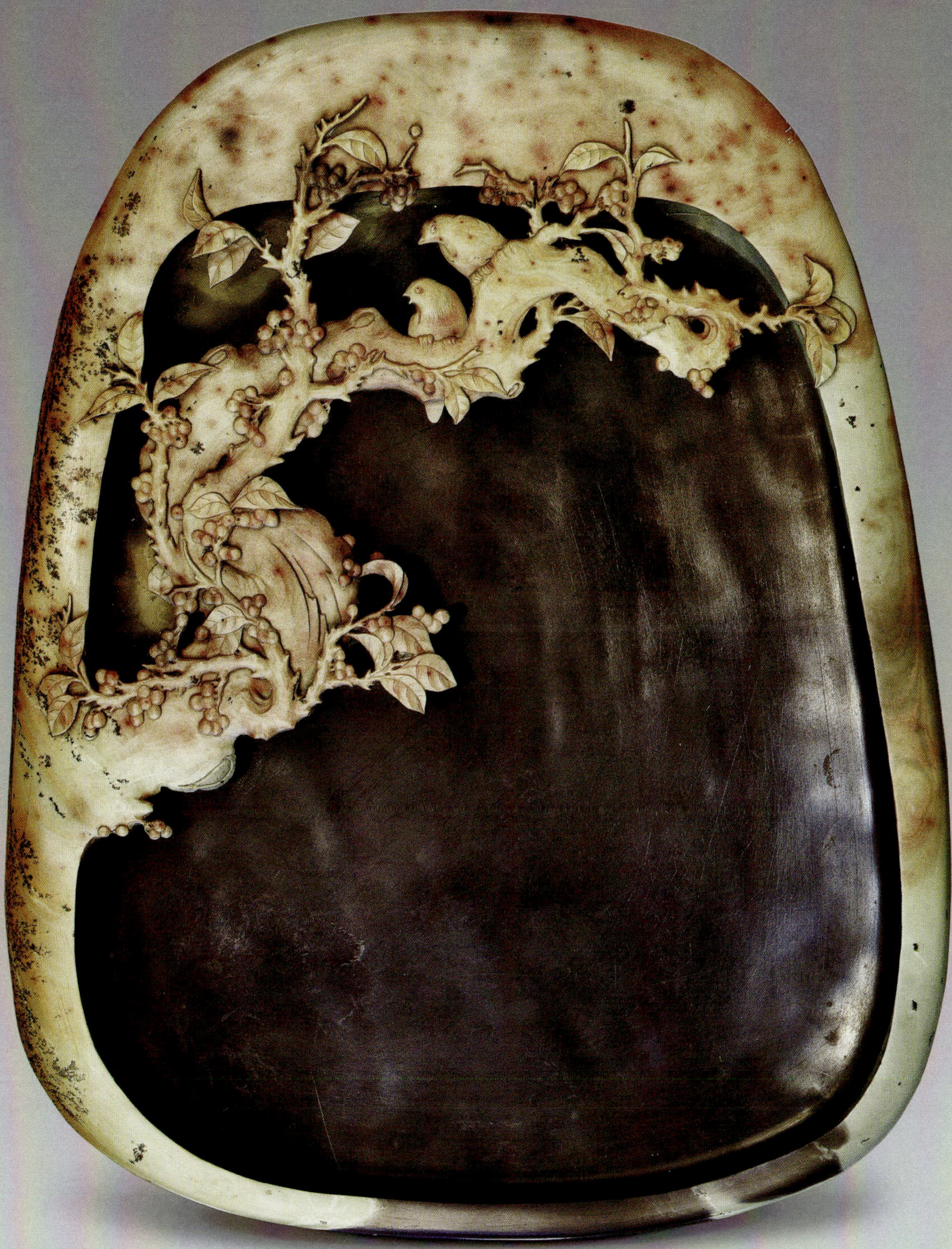

硯名　報春圖
石品　苴卻石
雕刻　張曉駿
規格　14cm×20cm×3cm

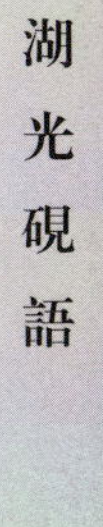

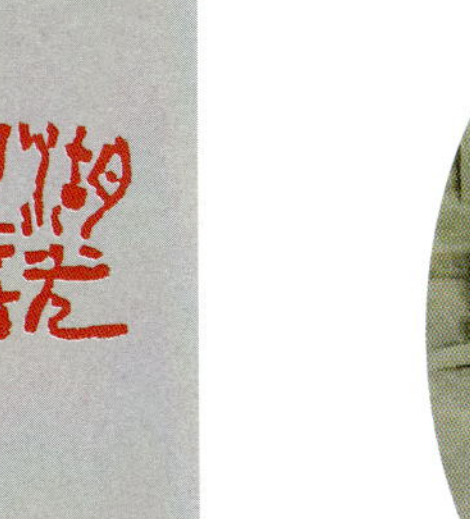

《諸葛勸耕圖》局部

寓意淵深　尋根勤耕

父親是最好的守望者，始終以一個耕者的姿勢站在山鄉的田野上。那被父親有滋有味地擺弄了一輩子的鋤頭，成就了黃土高坡人家年年春耕秋收的風景。許是硯雕師深知山鄉父老鄉親的善良和純樸，他以自己的藝術創作來謳歌山鄉祖祖輩輩勤謹勞作的民謠。一方《諸葛勸耕圖》硯，就像一衹沉重的扁擔，一頭擔着大地，一頭擔着兒女。

這方硯石綠膘帶水草紋，石質十分細膩、滋潤，為苴却硯中之上品。硯雕師劉曉軍第一眼觸及此硯石之際，就從其斑剝的綠膘水草紋型中，感受到了一種撲面而來的山鄉農忙春耕氣息，他的心際，驀然浮現出諸葛武侯的動人詩句：『一夜春暖新雨足，曉耕已便前川曲，烏犍少脫半犁閑，烏外茸茸草根綠。』于是，其刀筆縱横，巧妙利用綠膘與水草紋在自己匠心獨運的造境中自由馳騁，從而成就了這一方彰顯古代勞動人民風采、智慧與歷史文化精髓的藝術作品。

從這方硯中，我們可以看出，硯雕藝術家的創作有着一種深層的『成心』，有了它，藝術家的心靈才能具有先在的傾向性，其作品才能有着一種寓意和一種審美追求。

硯名　長風破浪
石品　苴卻石
雕刻　張碩
規格　55cm×26cm×2cm
收藏　張竣山

高原姐妹　李風杉

流水澹然　雕琢成趣

紅塵之中，每一個日子都是一道令人咀嚼的風景。這是一幅透逸、空靈、綺麗、動人，含蓄委婉，韵味十足的浴牛圖，它在硯雕藝術家張健的刀筆下，竟成了一件『為思念而停留，為祈禱而守候』的《沐浴圖》硯。

這方硯石真的是不甚起眼，它的綠膘中堆着幾塊開石時從另一塊硯石上剝落下來的紫黑色石片，橫七豎八，恣意分列，極不規整。然它在硯雕師獨具新意的眼裏，初看似覺不為良材，難成大器，可在細細品讀、反復揣摸、心悟之後，竟覺有着『驚雷驚炸』的不同凡響的生命意趣。于是，他以那零落的石片起意，稍事雕琢，一幅神牛浴水之場景便活靈活現于人們面前，讓讀者在瞬間洞見藝術之光芒。

此方作品，能讓我們在自然生命的合唱中，形成寧靜空茫的境界。它，亦有着鄭板橋『流水澹然去，孤舟隨意還』的藝術求索。

硯名　諸葛勸耕圖
石品　苴卻石
雕刻　劉曉軍
規格　44cm×34cm×4.5cm
收藏　硯　湖

《相思》局部

落紅滿徑　相思滿懷

『風不定，人初靜，明日落紅應滿徑。』每每吟誦張先《天仙子》之詩句，我腦海每每會浮現出這樣的畫面，在烟雨南國，春深遲暮，微風拂過，滿徑的落紅，美得讓人神傷。硯雕師曹加勇仿佛就沉醉在這讓人如痴如醉的畫境中，故他的作品仿佛就誕生于這南國落紅滿徑裏。

『紅豆生南國，春來發幾枝。願君多采擷，此物最相思。』硯雕師曹加勇之《相思》硯，選取極罕見、材質上乘的苴却石，此石品為碧玉綠膘與水藻紋共生，更絕處在于水藻紋中有酷似『紅豆』的天然點綴，那純淨的碧玉膘更如南國春色。硯雕師之刀筆似有神助，其藝術天賦逼現出南國萬物復蘇、春意盎然的景象。

這是一方有感而發、巧奪天工、因勢賦形、寄情于意的苴却硯精品，是一方『紅豆寄相思，詩情寓硯境』的藝術力作。

硯名　沐浴圖
石品　苴卻石
創意　張浚山
設計　張浚山
雕刻　張　健
規格　34cm×22cm×2.8cm
收藏　張浚山

《西蜀風情》局部

西蜀風情　蘊藉簡淨

山無言，水寂寂，有靈性的山水赤裸着渴望，期待着精神的朝聖者。山蜿蜒，水蜿蜒，山水蜿蜒成深深淺淺的滄桑。如何以刀筆為剪，裁下山水的歌吟和精魂？硯雕師冉洪虎先生默對山水，凝神靜氣，若即若離的刀筆張揚着自己的感受，張揚着自己的識見，為我們雕刻出了一幅《西蜀風情》圖！

這件藝術創作，硯雕師大膽地利用硯石表層的自然黑膘進行創意雕刻，那一輪黃月在群山的朦朧裏冉冉升起，山水的葱鬱色彩斑駁，如夢似醒，給人一種身臨其境、心濤澎湃的感覺。

這方硯，蒼渾中有雄秀，沉美中有虛靈，簡淨中有蘊藉，散淡中有瀟灑，填塞中有愈闊，它不失為硯中珍品。

硯名　相思
石品　苴卻石
雕刻　曹加勇
規格　50cm×24cm×6.8cm

湖光硯語

我近青山寫生圖　孟夏

寫生語境　不落窠臼

中國藝術的『根』在中國民族的傳統文化的土壤裏。中國傳統文化的精神亙古不變。顧愷之的『以形寫神』、謝赫的『六法』、張彥遠的『夫象物必在于形似，形似必全其骨氣，骨氣形似皆本于立意』，均就中國畫藝術闡發了自己獨到的見解。從此出發，我們深信——藝術源于生活，一件優秀藝術作品的誕生，如中國畫除了筆精墨妙外，更需要寫生和學習中國繪畫傳統。寫生，那是另一語境的漸修。

硯雕師張龍的雕刻藝術踐行，其就是在寫生與學習傳統後建立的創作理念。他之《寫生圖》硯，硯中人物瀟灑靈動，蒼勁有力，充分展示了他渾厚的藝術寫生功底和雕刻技巧。讀這方硯，賞析者不會挑出石品上的半點瑕疵，而會從它妙趣橫生的『寫生』求索中窺出內在的文化內涵。這方硯，堪稱一方極具觀賞價值和文化收藏價值。

當然，不可否認——硯雕藝術家的寫生踐行，其作品中的『實』則是心中之象、遷想妙得的結果。一方《寫生圖》苴卻硯，一件不落窠臼的藝術佳作。

硯名　西蜀風情
石品　苴卻石
雕刻　冉洪虎
規格　43cm×30cm×4cm

晨風吹過霞滿天　李　兵

兒時童趣　藝術再現

『鵝，鵝，鵝，曲項向天歌。白毛浮綠水，紅掌撥清波。』駱賓王《咏鵝》詩如是曰。這首酷似俗俚語、明白如話的詩句，撥動了硯雕師張龍的心弦，他之《童趣・咏鵝》硯，亦是明白如話，不論從意境上還是從畫面上講，皆聲情并茂地向讀者呈現出了一幕充滿童趣的咏鵝情境。

這方出神入化般再現童趣的咏鵝硯，硯雕師將硯石上的黃膘雕刻為天真活潑的童子；那手捧詩集坐于岸邊，對着池塘大白鵝朗聲誦讀的情態，真的令讀者耳目一新，砰然心動。特別是硯雕師幹淨簡練的藝術手段，更煥發了讀者一脈兒時美好的回憶。好一幅童趣圖，好一方硯雕精品。

這方硯，在我的認知裏：它有着一種野趣美，一種靜寂美，一種古樸與稚拙美。

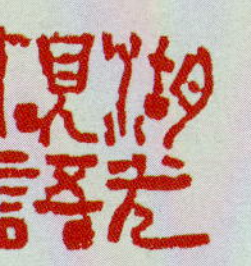

硯名　寫生圖
石品　苴卻石
雕刻　張　龍
規格　39cm×24cm×4cm

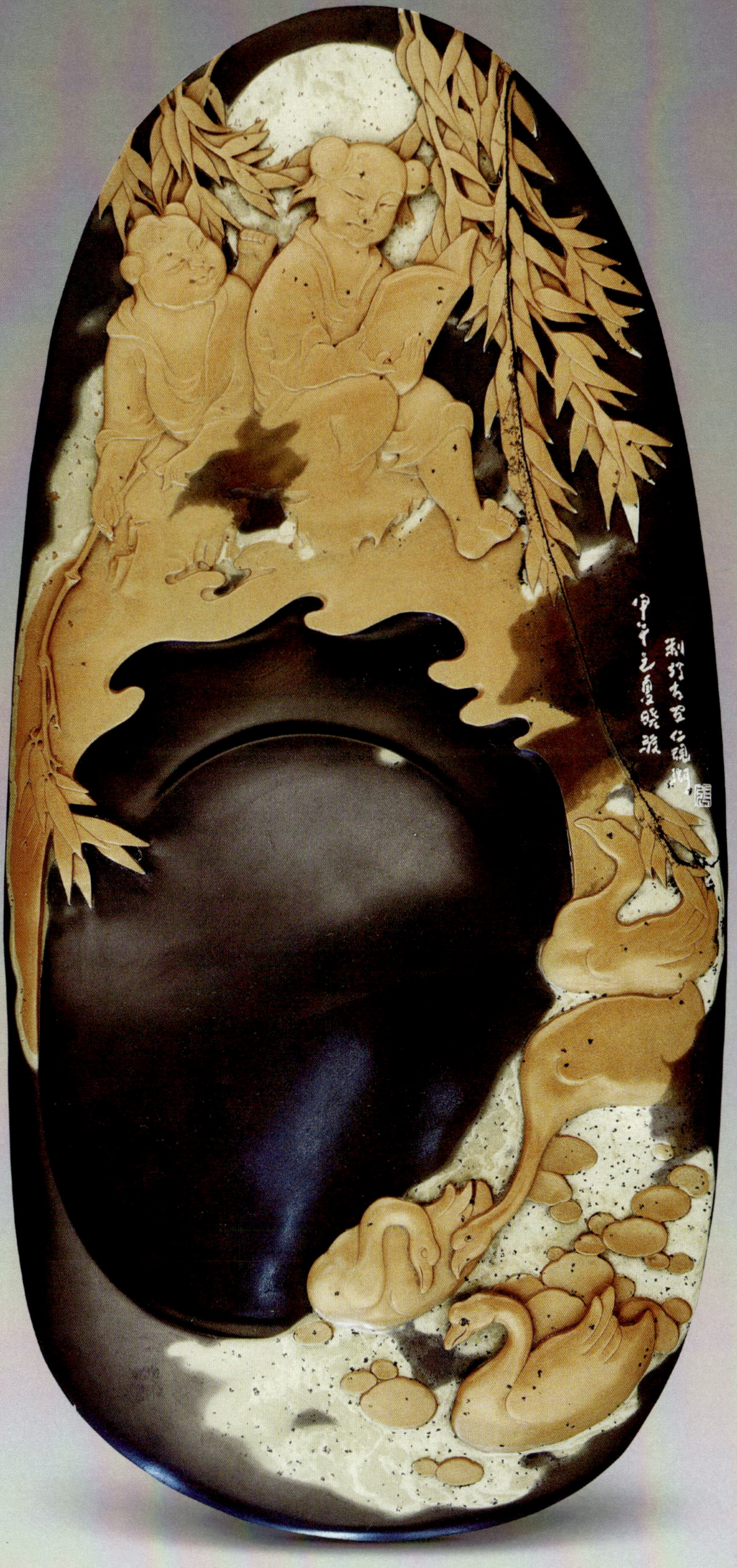

硯名　童趣·詠鵝
石品　茸卻石
雕刻　張　龍
規格　37cm×17cm×4.5cm
收藏　硯　湖

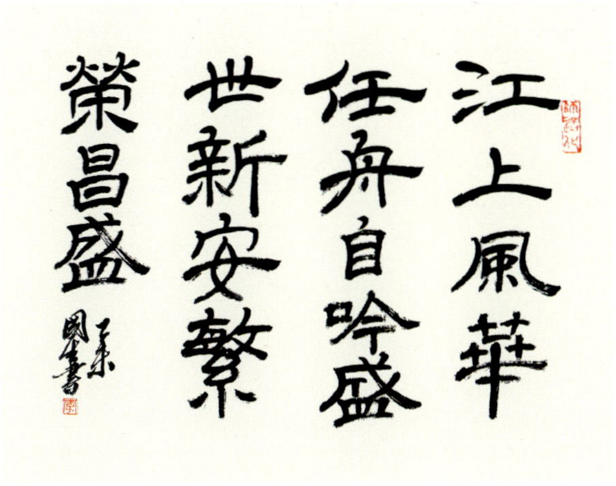

書法　李國生

新安一角　滴水探陽

近讀蘇東坡之際，又讀硯雕師的《新安一角》硯，它讓我忘記煩憂，百感交集，陶然心喜。『幾時歸去，作個閑人。對一張琴，一壺酒，一溪雲。』這不僅是東坡先生的心願，亦是天下衆生的向往。盛世新安，繁榮昌盛，江上風華，任舟自吟。許是硯雕師龔建亮深諳新安當今盛世人民生活之脈跳，故有了這方出彩的硯精品佳作。

井然有序的亭臺樓閣，新安江上的舟來舟往，依山傍水的街市勝景，無不淋灕盡致地展現了硯雕藝術家對古徽派文化的深刻認知。它，既是人們對當今美好生活的一種熱切向往，也是硯雕師藝術創造的一種神聖的使命與擔當。

這方硯有着人間錦綉如織的慷慨豪情，有着一種説不完道不盡的纏綿意味。它，不愧是一方硯雕藝術家具有歷史探索性的上乘之作。

硯名　新安一角
石品　苴卻石
雕刻　龔建亮
規格　28.5cm×13cm×3cm

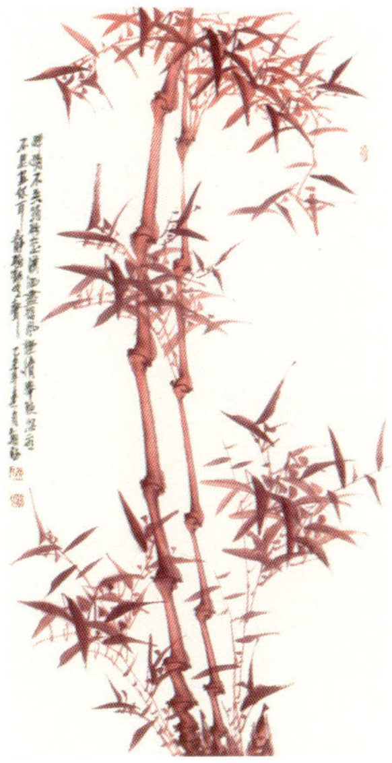

静聽凝風聲　肖朝德

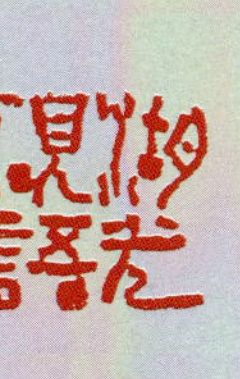

柔情似水　仕女出浴

翻開塵封多年的書卷，或許還能看到一頁泛黃的書簽，那是一張年輕的記憶。『纖雲弄巧，飛星傳恨，銀漢迢迢暗度。金風玉露一相逢，便勝却、人間無數。柔情似水，佳期如夢。忍顧鵲橋歸路。兩情若是久長時，又豈在、朝朝暮暮。』年少時，一定有許多人，將秦觀這首《鵲橋仙》用蠅頭小楷，細細地抄在書簽上，寄給心儀的人。硯雕大師羅海的這方《出浴圖》硯，許不是為紅塵那些朝朝暮暮的男女所雕刻。然其動人之處是抒發一種柔情似水、佳期如夢的人生感悟。

這方硯莫不是大師在用靈魂在雕刻。『春寒賜浴華清池，溫泉水滑洗凝脂。待兒扶起嬌無力，始是新承思澤時。』藝術家的刀筆仿佛有淺淺的溫度，其簡練的藝術表達衍生出的是一份天長地久的溫情，是一份美麗無瑕的情愛，是一份濃濃鬱鬱的撫慰，是一份刻骨銘心的堅守。誰能說，藝術的『舍利子』不會發光，它曼妙的光芒經久不衰。

『衆裏尋他千百度，驀然回首，那人却在，燈火闌珊處。』我尋尋覓覓，這方《出浴圖》硯，終于走進了我的眸子，走進了我的心中。

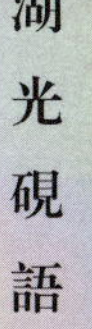

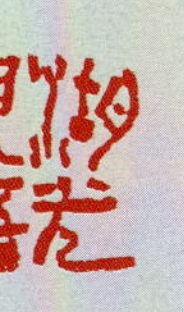

秋晴無塵　肖朝德

天造地設　鵲橋寄意

誰不渴望逃離喧囂，尋訪靜謐的田園？中國悠久的文化傳承着許多美麗動人的神話，那些美麗動人的意象，傳承着中國人世世代代的心事。『鵲橋』的意象是一種古老而又嶄新的藝術載體，它在中國文化的土壤裏，通過心靈的息息相通，于紅塵裏，一直流傳至今。一如一張窄窄的船票，傳遞着友情、親情，我在這頭，新娘在那頭……

一方碧雲連天的硯石，它有着自然生成的一條墨綠色條帶將天地相連，那情那境不正是中國民間每年七月七日牛郎會織女的情境麼？硯雕師張健隨紋成理，將它生成為無數喜鵲，活靈活現出振翅而飛的景象，生動地演繹出了中國古代愛情神話之斑斕、浪漫的情境。

洗盡塵埃，撫去滄桑，人生就是美麗動人的神話，守候天荒。化腐朽為神奇，這是硯雕師的神奇！

一方《鵲橋》硯，一場有形的視覺盛宴。

硯名　出浴圖
石品　端硯石
雕刻　羅　海
規格　22cm×19cm×3cm
收藏　硯　湖

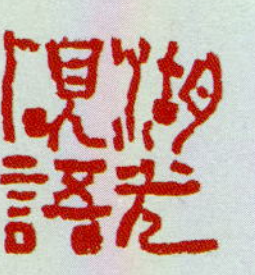

伏虎尊者　李耀奎

降龍伏虎　形神畢現

硯雕藝術家張曉駿之《降龍伏虎》硯，是一方莊重典雅、頗具氣勢的藝術精品佳作。此硯石品以綠膘為主，刻畫的內容為降龍伏虎的情境。此硯最大的亮點在于兩位尊者的衣紋外部輪廓乃是自然天成，而龍與虎的刻畫在硯雕師的刀筆下，既有着造型簡練、雄姿英發、形神畢現的神獸的『靈』，又有着一種傳統文化的韵味與中國民族文化的深蘊。它，無疑凝結着硯雕師的股股心血。

我讀這方硯，讀出了其象外之意，韵外之致，讀出了硯雕師對自己生命本真氣象的追求。明李日華有云：『凡狀物者，得其形者，不若得其勢，得其勢者，不若得其韵；得其韵者，不若得其性。』這段話，可以幫助我們讀懂這方硯之藝術求索，既由『得勢』到『得韵』再到『得性』的三個階段，它亦無疑啟迪我們深深地了解這方硯之『以形寫神、氣韵生動』的藝術風采。

一方硯的創造，闡發的是一種生命『春意』的真實！

硯名　鵲橋
石品　苴卻石
創意　張竣山
設計　張竣山
雕刻　張　健
規格　45cm×39cm×3.5cm
收藏　硯　湖

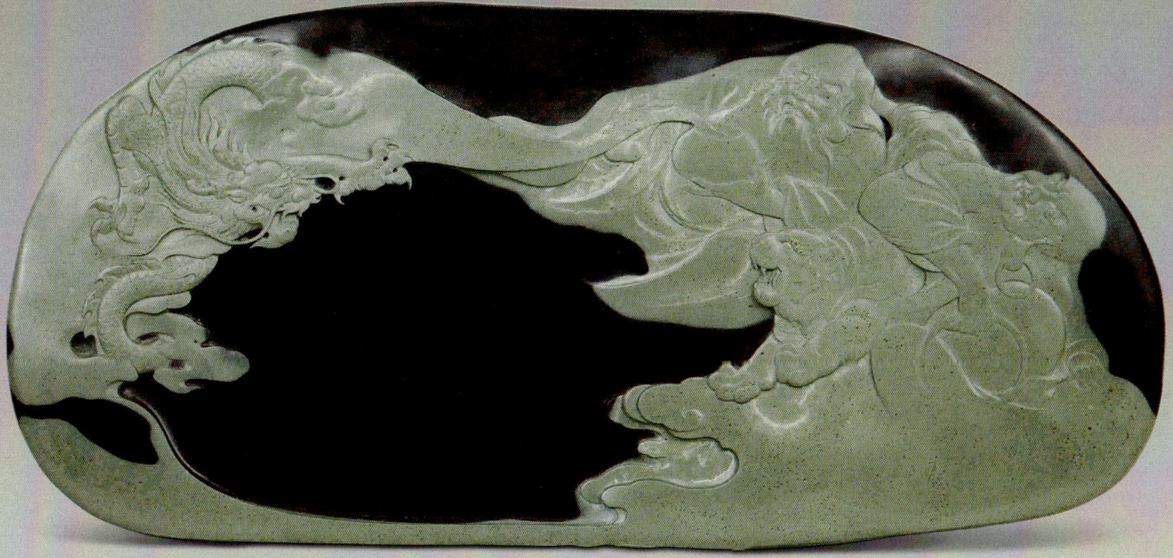

硯名 降龍伏虎
石品 苴卻石
雕刻 張曉駿
規格 44cm×21cm×5cm

竹節寓意 知足常樂

鄭板橋愛竹畫竹，每日對着山石翠竹，衹覺光陰恬淡出塵。他寫下了處世箴言『難得糊塗』，并提筆寫道：『聰明難，糊塗難，由聰明轉入糊塗更難。放一放，退一步，當下心安，非圖後來福報也。』讀者讀之，總渴望有那麼一天，我們可以在他的一卷墨竹裏，擱淺無處安放的靈魂。我讀硯雕師楊軍之《竹節》硯，亦讀出了自己深深的人生體悟：竹，君子也。『竹節貞，貞以立志』，莫説四季翠竹隱隱，無桃李爭妍，亦比別處清幽；衹道竹之高潔風骨裏，潛藏着人生凛凛氣節。

放下繁華，重覓竹海，我們自會窺出『不畏逆境、不懼艱辛、中通外直、寧折不屈』的竹之品節，它是華夏民族的品格，稟賦和精神象徵。硯雕師之以竹為題材的《竹節》硯，便活脱脱地彰顯了竹文化的精髓。它，無愧于一方苴却硯的精品力作。

此方硯以石施藝，除竹之姿態在硯雕師之刀筆下做了形神兼備的雕琢，餘則以石品之靈動來增強作品內涵。令人警策的是硯雕師在硯堂上方雕琢一幅『蜘蛛圖』，以蜘蛛辛勤織網勞作來諧音『知足』，其寓意深湛，教人端正人生態度，知足常樂。

竹品節高 肖朝德

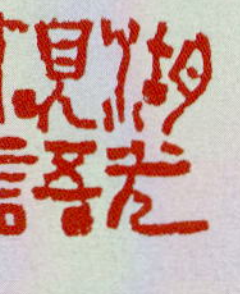

《上下五千年》局部

中華千年　盡得風流

人常云，千古繁華，也祇是瞬間幻滅，刹那雲烟。可那些鐫刻于滄桑硯石上的意猶未盡的物象，恰如厚深的歷史，在安靜的時光裏，却不會讓人忘却，依舊會在我的心頭久久回響！由硯雕藝術家張竣山創意、設計，張曉駿雕刻的《上下五千年》硯，我每每品讀，每品每新！

這方天青色硯石上整整齊齊地排列着一條條金綫，彷彿是中國民族歷史遺存在此的古殘卷。藝術家從中讀出了天下第一行書《蘭亭序》，讀出了字字仙風道骨、力透紙背的行草之風，讀出了被千年風雨侵蝕得斑斑駁駁但却蒼勁有力的泰山金剛經石刻，也讀出了李斯的小篆、漢簡、真草、章草等，更令人不忍釋手的是硯堂處似為散氏青銅盤，盤中二百八十四個金文時隱時現，似有新石器時代陶罐上之象形文、甲骨文、秦權、招版、銅鼎、石鼓文等，它不正是中華上下五千年之厚重的文化歷史縮影麼？

硯雕藝術家對硯雕藝術的探索是敏鋭的，其在方寸之間，濃縮千年、刀筆過處盡得風流的藝術創造既能喚起讀者心靈的震動，又能令讀者抵達形神融通、令人嘆為觀止的神境。

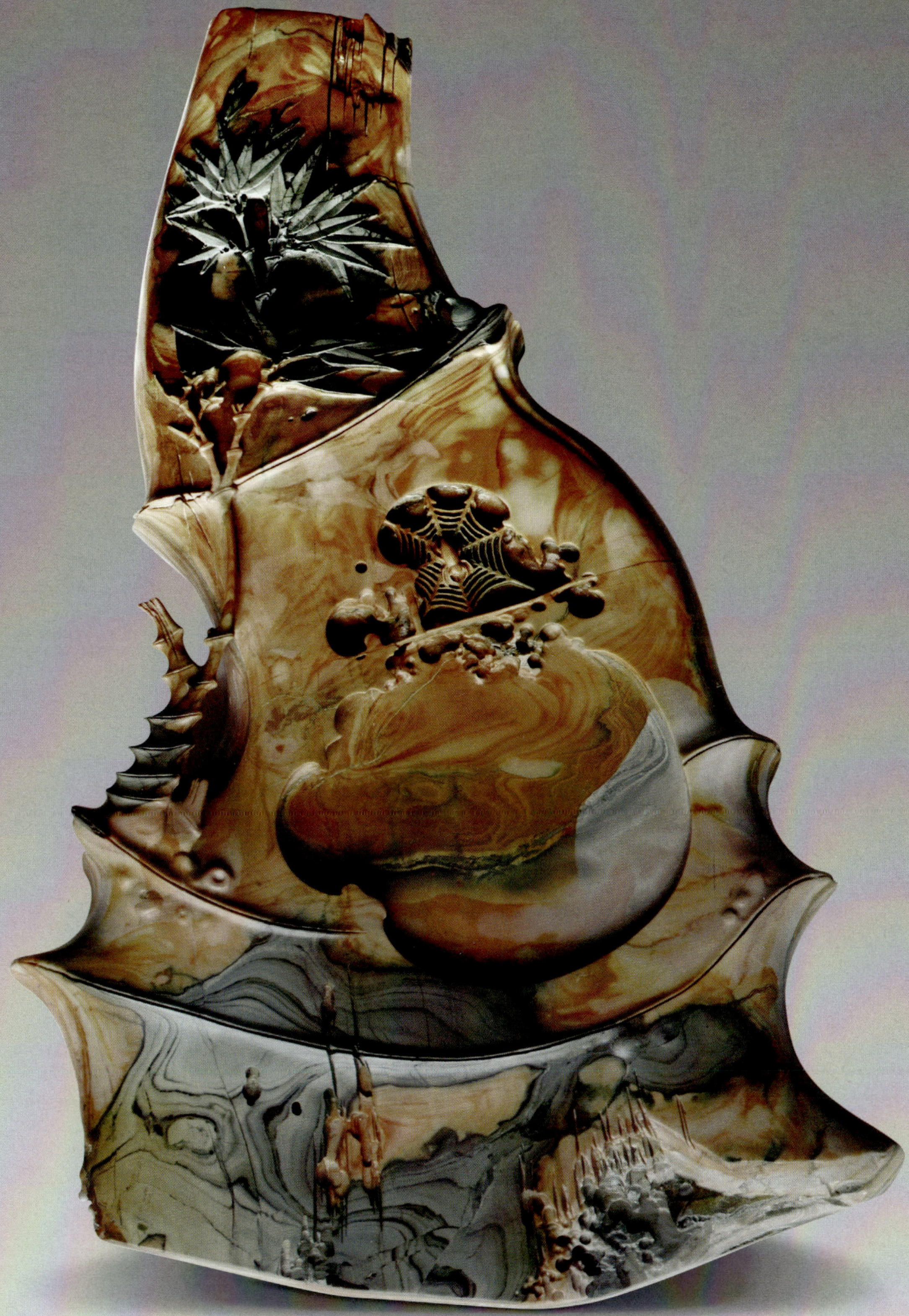

硯名　竹節
石品　苴卻石
雕刻　楊軍
規格　51cm×34cm×5cm

硯名　上下五千年
石品　苴卻石
創意　張竣山
設計　張竣山
雕刻　張曉駿
規格　146cm×120cm×15cm
收藏　張竣山

代跋

東風引紫氣　硯湖譜華章

沉　石　張竣山

二〇一四年六月三日，四川省大邑縣安仁『中國博物館小鎮』紫氣東來，『硯湖博物館』破土而出。自始，華夏九州諸硯雲集，异彩紛呈。時愈半年，硯湖博物館董事長肖文祥先生在北京，面對精英如林的中華硯壇，由衷地道出了自己的心聲：我們要把硯湖博物館建設成國內『品位高、種類全』的大型綜合性硯文化博物館。

中華硯文化是一部宏篇巨著，見證了華夏民族的千古偉業。明代學者陳繼儒在《妮古錄》中提出：『文人有硯，我們説，猶美人之有鏡也，一生之中最相親傍。故鏡須秦漢，硯必宋唐』。二〇〇八年『北京·奥運會開幕式』上，演繹中華民族五千年文明歷史的綿長畫卷，從筆、墨、紙、硯徐徐展示。從而揭示了筆墨紙硯是華夏文明的象徵，當之無愧的國之瑰寶。

肖文祥先生可謂是親榜、傳承硯文化的現代企業家型文人。一九七九年，二十一歲的他從家鄉四川内江到攀西參加『三綫建設』，次年當上了攀枝花鋼鐵廠藍尖鐵礦一個原料分廠的基建隊長。一九八二年九月中旬，時任中共中央總書記的胡耀邦視察攀枝花，肖文祥受命在藍尖礦山高山頂巔上建造一座瞭望臺。此舉讓睿智的肖文祥有了協調在緊急情况下完成重點項目建設的實踐，從中深刻體悟到了『和諧協作，共築大業』的真正意義。與此同時，當地先後開辦了渡口市、大龍潭鄉和攀枝花市益民苴却硯廠的歷程，讓他親眼目睹了苴却硯的復興。他雖然沒有親涉苴却硯文化産業，但是却被苴却硯的嫵媚俏麗深深感染，情不自禁地與苴却硯雕刻藝術家成了真摯朋友。自此，『苴却硯』在他頭腦中縈繞，形成了揮之不去的符號。

二〇一四年一月，肖文祥與志同道合的伙伴陳磊夫、劉澤平、陳春芳一起，組成苴却硯文化産業的創業團隊，入駐成都安仁古鎮，注册成立了成都硯湖文化發展有限公司。在中國博物館小鎮榜眼的百畝土地上興建硯湖廣場，籌建苴却硯精品陳列館。隨之乘農歷甲午年春節的祥瑞，緊鑼密鼓地將『苴却硯精品陳列館』開館迎賓。接着，再將視野

放大，重修發展目標和發展規劃，立志將『成都硯湖』建設成為一座全國性的綜合硯文化博物館。

『不待揚鞭自奮蹄。』肖文祥先生和他的團隊，毅然決定在進駐安仁古鎮半年的六月三日，舉辦『中華硯文化高峰論壇』（即『硯湖問道』），向世人宣布一座中華硯文化大觀的『硯湖博物館』，在中國唯一的博物館小鎮破土而出。為確保『硯湖問道』如期舉行并圓滿成功，他們不失時機，巧借『中國第一文博』的東風，先赴深圳邀請當代硯壇大師巨匠，接着晉京誠請中華炎黃研究會硯文化專業委員會的專家學者，共舉萬世傳承硯文化大計。

『機會總是留給有準備的人。』這句人們平日挂在嘴邊的口頭禪，是當今社會一句真理性格言。肖文祥先生經過多年對硯文化的向往、等待和求索，終于如願以賞的在中國博物館小鎮安仁，隆重舉行了『硯湖問道』，開啟了硯藝人生的新紀元。

此次『硯湖問道』，是天時地利人和的完美融合，成了中華硯壇少有『新、高、齊、豐、遠』的典範。新者，乃時代創新。民營企業創辦硯湖博物館，是順應國策對產業轉型的大膽突破；高者，乃品位之高。出席者則是位居硯壇峰端的國家級團體、專家和名流；齊者，乃精英齊集。中華硯壇名人濟濟，然罕有一隅小鎮匯聚，絕無僅有；豐者，乃成果豐碩。不僅為硯湖博物館奠定了創建基礎，而且還為發展傳統硯文化產業積累了不可復制的寶貴經驗；遠者，乃意義深遠。『硯湖宣言』、『硯湖結盟』，十二祇鮮紅手痕凝聚的『心心相印』，無不意義深遠。這些光彩奪目的『硯湖光環』，必將鑄就『硯湖肋骨』。

光而不耀是為善，張而不顯是為度。安仁古鎮邁過了百年門檻，于二〇一三年十月十八日，由成都文旅集團主辦的『安仁博物館論壇』，迎來了世界各地頂級文博專家。論談以『合作、開放、交流、發展』的宗旨，定位『中國博物館小鎮』，接納『館藏中國』的使命。二〇一四年六月三日，氣勢宏大、規格問鼎的『硯湖問道』，是在『安仁博物館論壇』閉幕僅八個月之後，在安仁古鎮舉辦的又一個以『合作、開放、交流、發展』為宗旨的頂級硯文化論壇，確定了硯湖博物館『博物廣志，硯傳天下』的發展方向。

仁者安仁，硯傳天下。硯湖博物館在『中國博物館小鎮』自立，展現出肖文祥先生及其硯文化產業團隊的高瞻遠矚和雄才大略。硯湖博物館在博物館林立的『中國博物館小鎮』安仁，是成立時間最晚的一座，僅不滿周歲，且規模中等。如果以館藏物品而言，硯湖博物館則是時間跨度最為亙古，內容最為豐富，內涵最為博大的一座。『文博硯湖，館藏硯壇。』弘揚中華硯文化是硯湖博物館的最高境界和終極目標。盡管硯湖博物館祇有周歲，尚處襁褓階段，步履頗為蹣跚，然却已綻露出集收藏、傳承、弘揚、創新、鑒賞、投資等各種形態綜合功能的端倪。

硯湖博物館方興未艾。數千平方米的臨時博物館大廳，不因『臨時』而湊合，寬敞而典雅，華貴且富麗。館藏的硯臺自古至今，陳列有序。地處天府，不失當地苴却硯種的基礎；硯博天下，雲集端硯、歙硯、洮河硯、澄泥硯等全國各地的名硯，愈數十種、數百方之多。無論是本土的苴却硯還是來自全國各地的名硯，多出自名家之手。濟濟于廳，琳琅滿目。這些硯臺之中，數方榮獲中國工藝美術特別金獎、金獎、百花獎、創新獎等，數十方榮獲全國性或省級工藝美術展評佳績。

《華夏·九州》套硯為硯湖博物館誕生後的首件力作，既彰顯『合作、開放、交流、發展』的辦館宗旨，又表明『博物廣志，硯傳天下』的定位。它以黃河澄泥制作的《八卦圖》澄泥硯為中心，按照天乾、地坤、水坎、火灕、風巽、震雷、山艮、澤兑的八方卦位，對應排列華夏東、西、南、北和東南、西北、東北、西南八方區位所產的八方名硯：潭柘硯、端溪硯、紅絲硯、洮河硯、松花硯、苴却硯、歙州硯、賀蘭硯。八方名硯規格一致，均為長方淌池式，墨堂中雕琢對應的卦位文字。這八方硯雕作品，分別有各地硯雕大師與專家精心雕琢。

《峨眉山硯》是硯湖博物館誕生後的又一力作。此硯體積碩大，硯石品質上乘，亦是通過四川省和安徽省工藝美術大師雕刻完成。作品通過細膩的刀筆勾畫，將普賢菩薩福澤萬民的境界躍然呈現。榮膺中國工藝美術百花獎桂冠。

《硯叔》硯、《國粹風華》硯、《諸硯之首》硯、《授業榮薪》硯、《洮水流珠》硯、《雲崖彩玉》硯和《太陽神》硯，是硯湖博物館極為驕人的珍藏，最為獨具的特色，世上僅有。這些作品以強化『傳承』理念，突出弘揚『師傳徒承』的中華傳統。在褒揚當代硯壇泰鬥、宗師黎鏗、劉克唐、方見塵、李茂棣、張竣山等硯壇巨匠嘔心瀝血傳道授業的同時，向社會發出『千年偉業，萬世傳承』的吶喊。

此外，硯湖博物館弘揚華夏悠久文明，謳歌風情鄉愁的套硯，同樣是有別于衆的珍品。如仿大清康雍乾王朝御制的《清宮御硯一百珍》、弘揚華夏青銅文明的《青銅博古硯四十五式》，氣勢磅礴，制作精美。再如《華夏風骨》套

硯，取『紫氣東來』，『杏壇設教』、『慈航普度』和『桃源問津』典故治作的四方硯臺，概括了中華民族思想境界的總和；《徽州夢源》套硯，將與藏學、敦煌學并稱走向世界的三大顯學之一的徽學，融入皖南的秀山綠水和人文世故，創意雕琢了《新安源》《歙硯源》《徽商源》三方歙硯，不僅硯臺作品為人稱道，還帶來了悠悠鄉愁。還有端硯《福澤華夏》、歙硯《大風歌》、苴却硯《江山多嬌》，無不以龐大的創作題材寓于方寸，令人讀之嘆為觀止……

有道是：玩硯，能悟美，可以賞心悅目；讀硯，能悟文，可以增長知識；賞硯，悟境界，可以藝術升華；品硯，能悟德，可以勵志奮進；論硯，悟人生，可以超凡脱俗。硯湖博物館可謂是人們玩硯、讀硯、賞硯、品硯、論硯的勝地。在這裏修心益智，喻德勵志，境界升華……硯臺收藏家陳國源先生在《千年偉業，萬世傳承》的論文中說，『世間尤物，人必賞之；國之瑰寶，人必藏之；中華文明，人必傳之』。硯湖博物館于天府崛起，讓肖文祥先生及其團隊信心百倍，渴望在硯湖博物館誕生周歲之際出書銘志。作家、詩人、美術理論家馬安信先生心有靈犀，以誠摯的熱誠給予支持，精心策劃，傾注心血，主編出版《湖光硯語》。在此，我們身為硯湖博物館的名譽館長和館長，對馬安信先生弘揚、傳播中華硯文化的殷殷之情，表示無限景仰；對馬安信先生撫愛硯湖博物館成長的眷眷之心，致以崇高的敬意。

在硯湖博物館的建設中，我們還得到了四川省工藝美術協會和苴却硯產地攀枝花廣大硯雕藝術家的有力支持，得到了深圳市工藝美術協會和全國名硯雕刻藝術家的聲援，尤其得到了炎黄文化研究會硯文化專業委員會劉紅軍先生、北京故宫博物院研究員張淑芬女士、亞太地區手工藝大師黎鏗先生和中國工藝美術大師劉克唐、張慶明、王祖偉、張向東、羅海、石飈、曹加勇先生以及端硯、歙硯、洮河硯、澄泥硯、賀蘭硯、苴却硯等各地名硯藝術家陳洪新、羅建泉、黄超洪、程禮徽、俞青、馬萬榮、李贇、郝延強先生和『川投』秦萬祥先生、四川省博物院魏學峰先生、聯合國物質監管采購中心齊國利先生和世界華人羽毛球協會王家福先生的莅臨指導和親切關懷，一并致以衷心的感謝。

讓我們以弘揚中華硯文化的名義，攜手譜寫硯湖華章。

二〇一五年四月二十日于硯湖

圖書在版編目（CIP）數據

湖光硯語 / 肖文祥著 ; 馬安信主編. -- 成都 : 四川美術出版社, 2015.5

ISBN 978-7-5410-6289-6

Ⅰ. ①湖… Ⅱ. ①肖… ②馬… Ⅲ. ①硯 - 鑒賞 - 中國 Ⅳ. ①TS951.28

中國版本圖書館CIP數據核字(2015)第084363號

湖光硯語

HUGUANGYANYU

肖文祥／著　马安信／主编

出品人	馬曉峰
责任编辑	陳時權
封面題字	謝季筠
书名篆刻	孫鼎樸
装帧设计	寒　是
校　对	秦　男
技术设计	李　静
出版發行	四川美術出版社
	四川省成都市三洞橋路12號　郵編　610071
成品尺寸	200mm × 305mm
印　张	41.5
制　版	成都鑫周文化傳播有限公司
印　刷	四川省東和印務有限責任公司
版　次	2015年5月第1版
印　次	2015年5月第1次印刷
书　号	ISBN 978-7-5410-6289-6
定　价	580.00元